U0094317

Bayes

Econometrics

贝叶斯计量经济学

前沿理论及应用

刘 洋 陈守东 著

电子工业出版社

Publishing House of Electronics Industry

北京 · BEIJING

内 容 简 介

本书从理论和应用的角度，探讨了贝叶斯计量经济学的前沿方法与实证研究，概述了贝叶斯计量经济学及其蒙特卡罗模拟方法的发展过程与应用优势，探讨了贝叶斯参数方法的模型设计和算法原理。基于无限状态 Markov 区制转移的贝叶斯非参数模型，将通货膨胀的经典计量经济学模型进行扩展。本书还研究了经济增长的稳定性测度和价格传导机制的时变特征；扩展了贝叶斯单位根检验方法，并应用于股票市场泡沫的实证研究；借助贝叶斯时变参数协整模型，检验了中美贸易弹性的新变化；扩展了贝叶斯非参数协整模型，应用于费雪效应的实证研究。

本书可供高等院校和科研机构的研究人员，尤其是从事贝叶斯计量经济的研究者阅读。

图书在版编目（CIP）数据

贝叶斯计量经济学前沿理论及应用 / 刘洋，陈守东著. —北京：电子工业出版社，2022.12
（大数据金融丛书）

ISBN 978-7-121-45456-1

Ⅰ. ①贝⋯ Ⅱ. ①刘⋯ ②陈⋯ Ⅲ. ①贝叶斯统计量－计量经济学 Ⅳ. ①O212.8②F224.0

中国国家版本馆 CIP 数据核字（2023）第 070755 号

责任编辑：李 冰
印　　刷：天津千鹤文化传播有限公司
装　　订：天津千鹤文化传播有限公司
出版发行：电子工业出版社
　　　　　北京市海淀区万寿路 173 信箱　　邮编：100036
开　　本：720×1 000　1/16　印张：13.75　字数：308 千字
版　　次：2022 年 12 月第 1 版
印　　次：2022 年 12 月第 1 次印刷
定　　价：98.00 元

凡所购买电子工业出版社图书有缺损问题，请向购买书店调换。若书店售缺，请与本社发行部联系，联系及邮购电话：（010）88254888，88258888。

质量投诉请发邮件至 zlts@phei.com.cn，盗版侵权举报请发邮件至 dbqq@phei.com.cn。

本书咨询联系方式：libing@phei.com.cn。

前言

/

进入 21 世纪，贝叶斯方法的发展突飞猛进，在这样的科学发展背景下，贝叶斯计量经济学如何抓住契机寻求突破，是本书希望参与探讨的创作意图之一。相比于贝叶斯方法在计算机应用领域的绝对优势，贝叶斯计量经济学的初期发展举步维艰。对先验假设的误解和高居不下的贝叶斯计算成本，限制了贝叶斯方法在更多计量经济学研究领域发挥优势。相比之下，机器学习和人工智能的专家们对经济学问题的贝叶斯非参数方法的研究产生了浓厚的兴趣。由此可见，以更多体现优势的研究成果来进一步规范先验假设的设计，并借助更先进的贝叶斯计算工具拓展更广泛的应用，是贝叶斯计量经济学发展的当务之急。

本书的特点之一是以贝叶斯非参数方法来拓展贝叶斯计量经济学的研究。贝叶斯非参数方法与贝叶斯参数方法并不对立，而是在贝叶斯参数方法的基础上，将参数空间的范围扩展到无限。贝叶斯非参数方法，以参数随时变化的随机过程作为先验假设，使贝叶斯方法脱离参数数量的限制，以更加符合数据生成过程规律的方式建立模型的先验假设。与贝叶斯参数方法相比，贝叶斯非参数方法在机器学习和人工智能领域的应用更加广泛，特别是在语音识别和机器视觉等领域，充分展示了其分析和识别数据分类的优势。

本书的另一特点是聚焦于 Markov 区制转移模型的贝叶斯非参数方法扩展。作为宏观经济与金融计量领域广泛应用的计量经济学模型，Markov 区制转移模型的贝叶斯参数方法的持续发展是贝叶斯计量经济学的重点研究领域。本书以作者团队在贝叶斯计量经济学方面的相关研究成果为基础，以贝叶斯非参数方法扩展 Markov 区制转移模型为主线，从理论与应用的角度，探讨了贝叶斯计量经济学的前沿方法与实证研究。

本书内容安排

全书分为 9 章。第 1 章为贝叶斯计量经济学绪论，概述贝叶斯计量经济学的起源和发展，重点介绍了贝叶斯非参数方法、概率编程与蒙特卡罗模拟方法的前沿进展。第 2 章介绍贝叶斯参数方法的模型设计和算法实现原理，并以 R 语言为工具，通过实例展示了 Gibbs 抽样算法和 HMC 抽样算法的实现过程。第 3 章介绍了实现无限状态 Markov 区制转移模型的 Sticky HDP-HMM 随机过程和多步移动策略的 Gibbs 抽样算法。第 4 章是通胀率动态与通胀惯性度量，利用无限状态 Markov 区制转移模型，对通货膨胀率动态过程和通货膨胀惯性进行建模和实证分析。第 5 章是经济增长的稳定性测度与经验分析，基于多国的经济增长率和通货膨胀率数据建模，研究了经济增长的稳定性测度问题。第 6 章是价格传导机制的多元时变分析，为多元数据因果关系检验与时变分析提供了新方法。第 7 章是股票市场泡沫的实证检验，扩展了贝叶斯单位根检验方法，应用于股票市场泡沫的计量。第 8 章是汇率弹性与收入弹性的协整模型，借助贝叶斯参数方法的时变参数协整模型，实证分析中美双边贸易汇率弹性和收入弹性的新变化。第 9 章是费雪效应的误差修正模型，扩展了贝叶斯非参数协整模型，应用于我国费雪效应的实证研究。最后是参考文献，所列文献在文中以例如"刘洋和陈守东（2016）"

这种作者加发表年份的方式指代。

　　本书得到了硕士研究生丁雪净、姜智丹、韩熠鑫，以及博士研究生康晶及其他多位老师和同学们的大力支持，在此表示感谢！同时感谢电子工业出版社的编辑老师们对本书出版给予的支持与帮助！

作　者

2022 年 9 月

目 录 /

第 1 章

贝叶斯计量经济学绪论

1.1 贝叶斯计量经济学的起源和发展

1.1.1 贝叶斯结构性分析的意义

经常使贝叶斯计量经济学的初学者感到困惑的是，一方面看到贝叶斯方法在机器学习和人工智能等领域如此成功，却在有着悠久贝叶斯方法引入历史的计量经济学领域举步维艰。另一方面，看到越来越多的机器学习和人工智能专家们把未来发展与经济学联系了起来。为了解释这种困惑，有必要回到 20 世纪末的观察角度来解释。

贝叶斯计量经济学的主观性先验假设是否具有客观的科学性，是 20 世纪末期的学术争论焦点。起源阶段的贝叶斯计量经济学遵循了与主流计量经济学同样的发展规律。Qin（1996）总结了两个重要的观察结果，其一是贝叶斯计量经济学起源于结构分析，也受困于结构分析。其二是能够产生与经典统计方法完全相同的结果，已经证明贝叶斯计量经济学作为一种推理理论没有任何主观性，这种归纳推理过程是客观科学的。Qin（1996）展望在任何合适的领域应用贝叶斯方法，都是对贝叶斯计量经济学发展的有益尝试。

Qin（1996）在其综述文章的前两句写道："贝叶斯计量经济学一直是计量经济学方法论发展中有争议的领域。尽管贝叶斯方法因其主观主义而不断地被许多主流计量经济学家所摒弃，但贝叶斯方法在当前计量经济学研究中已被广泛采用。"Zellner（2008）也选择在自己的文章中回应了 Qin（1996）的这两句话。Zellner（2008）乐观地指出：在 Qin（1996）发表的 10 年后，贝叶斯方法已经在越来越多的主流计量经济学家群体内广泛采用，并且未来可期。使 Zellner（2008）深受鼓舞的一个原因是贝叶斯计量经济学在货币政策领域取得的巨大成功。通过灵活的模型设计，研究者和政策制定者可以基于贝叶斯计量经济学搭建政策模拟的实验平台，为学术研究和政策制定提供了支持。

1.1.2　贝叶斯参数方法的发展

贝叶斯计量经济学的模型方法设计存在两大技术困难，分别是经济理论上的解释性和先验假设下后验分布的积分计算。泽尔纳（2005）作为第一本规范的贝叶斯计量经济学教材，从线性回归模型到联立方程经济模型，对结构估计和识别问题给出了大量介绍。事实上，在相当长的一段时间内，贝叶斯计量经济学已经开始针对经典统计方法开发的各种主流计量经济学模型，陆续给出了贝叶斯方法的实现方式。贝叶斯计量经济学通过从不同角度重新提出这些模型，有助于加深计量经济学对许多建模问题的理解，提高对经济学问题的认识水平。

Kim 和 Nelson（1999）采用将极大似然估计方法和贝叶斯 Gibbs 抽样算法前后对照的方式，介绍了状态空间模型在多个主流经典宏观经济计量领域的应用。数值积分数学工具的应用，为贝叶斯计量经济学重构经典计量经济学模型提供了支持。与此同时，如何结合经济理论，根据研究过程产生的观察结果来修正概率分布的先验假设，成为改进和发展贝叶斯计量经济学模型应用的一个重要方向。

贝叶斯计量经济学对向量自回归模型的建模策略的研究，不仅使贝叶斯计量经济学第一次走出了结构分析的研究范畴，也为贝叶斯计量经济学建模提供了一系列研讨贝叶斯推断相关问题的机会。得益于计算技术的快速发展，贝叶斯计量经济学的模型设计成本降低，更加多样性和丰富的贝叶斯参数模型得以成功发展，部分未知领域的贝叶斯计量经济学探索已经展开。

1.1.3　贝叶斯非参数方法的前沿

在 21 世纪的第一个 10 年，贝叶斯经济学的应用范围已不再受困于结构分析。Geweke 等（2011）作为一本介绍贝叶斯计量经济学研究体系进展的贝叶斯计量经济学手册，在应用方面至少被细分为微观计量经济学中的贝叶斯方法、贝叶斯宏观计量经济学，以及贝叶斯方法在金融和市场中的应用。在方法方面，灵活的先验设计调整和贝叶斯非参数方法，在贝叶斯参数方法发展的基础上，引起了更多关注。

在 21 世纪的第二个 10 年，贝叶斯非参数方法涌现，使贝叶斯计量经济学先验假设的选择范围扩大，分层结构的概率分布与参数空间无限扩大的随机过程，将很多经济活动的数据生成过程以更高的精度水平刻画出来，从而实现经济学原理和数学高维空间的深度融合。如同机器学习和人工智能技术在语音和图像等领域的成功应用一样，Dirichlet 随机过程在宏观计量经济学、高斯随机过程在空间计量经济学领域都取得了广泛应用。

1.2　贝叶斯计量经济学的蒙特卡罗模拟方法

1.2.1　数值积分与贝叶斯计量经济学

自从 Metropolis-Hastings 算法被提出，蒙特卡罗模拟方法开始在各个学科流行起来。在计量经济学领域，利用蒙特卡罗积分来估计边际后验分布，将贝叶斯计量经济学家从严格的实践约束中解放出来，即可以通过分析结果反馈来选择不同的先验假设。相比于推导解析公式才能实现的积分运算，这种数值积分的应用范围更广，很快成为主流计量软件的标准配置。

1.2.2　随机模拟与贝叶斯计量经济学

20 世纪末的 Gibbs 抽样算法和 MCMC 的流行称为第一次贝叶斯计算革命。扩展自 Metropolis-Hastings 算法的 Gibbs 抽样算法，拥有更高的抽样效率和更好的收敛性质。该算法不仅提高了计算性能，更重要的是通过联合后验分布，将复杂的高维参数估计转换为轮番扫描的边际条件抽样过程，为嵌入其他蒙特卡罗模拟步骤的灵活设计提供了可扩展的基础框架。在 Gibbs 抽样算法的应用过程中，更多各具特色的蒙特卡罗策略被设计提出。

1.2.3　概率编程与贝叶斯计量经济学

贝叶斯计算被总结归纳为三种类型：确定性的数值积分、随机模拟和近似逼近方法。进入 21 世纪后，这三种贝叶斯计算方法相互借鉴融合，特别是导数梯度运算的自动化水平提升，使自动微分计算机程序伴随着机器学习的发展而逐渐成熟和易用，这使得贝叶斯方法的设计者可以更大程度地从计算细节中解放出来，更加专注于所关心领域的理论基础和先验设计。这种概率编程的方式，使具备概率基础的计量经济学者，可以在概率统计知识的基础上，充分自由地调整先验设计。例如，本书第 2 章展示了借助 Stan 概率编程语言，基于 Hamiltonian Monte Carlo（HMC）算法的贝叶斯计量模型的设计与实现。

总之，贝叶斯方法与蒙特卡罗方法的前沿发展，为贝叶斯计量经济学在更多领域的应用探索，提供了前所未有的科研计算条件。

1.3　本章小结

本章回顾贝叶斯计量经济学的发展过程，在贝叶斯计算能力受限的起源阶段，依托宏观经济理论来构建先验假设，在宏观经济货币政策等结构分析领域体现出贝叶斯方法的优势。在贝叶斯计算能力提高的过程中，贝叶斯参数和非参数方法取得广泛应用。

第 2 章

贝叶斯参数方法

2.1 概率分布

2.1.1 Bernoulli 分布

Bernoulli 分布作为一种离散分布，又称两点分布或者 0～1 分布，在 0～1 之间取值。进行一次实验，如果成功（取值为 1）的概率是 p，失败（取值为 0）的概率是 $1-p$，则一次实验成功的次数服从 Bernoulli 分布。

代码清单：Bernoulli 分布生成随机变量。

```
> Bernoulli_10000=rbinom(n=10000,size=1,prob=0.2);
> hist(Bernoulli_10000,freq=TRUE);
> mean(Bernoulli_10000);
[1] 0.2003
> var(Bernoulli_10000);
[1] 0.1601959
```

执行上面的代码，通过将 size 参数设置为 1 的方式，将 R 语言提供的 binom 系列函数从 Binomial 分布退化为 Bernoulli 分布。之所以成为系列函数，是因为 R 语言自带的 stats 统计软件包一般会为一种分布提供 d、p、q、r 前缀的四种函数，分别对应概率密度函数、累积概率密度函数、分位数函数与随机数生成函数。

代码清单：Bernoulli 分布相关的 R 语言函数。

```
> dbinom(x=1,size=1,prob=0.2);
[1] 0.2
> pbinom(q=0,size=1,prob=0.2);
[1] 0.8
> qbinom(p=0.80001,size=1,prob=0.2);
[1] 1
> rbinom(n=20,size=1,prob=0.2);
 [1] 0 0 0 1 0 0 0 1 0 0 0 1 0 0 0 0 0 1 0 0
```

执行上面的代码，体会 Bernoulli 分布的概率密度函数、累积概率密度函数、分位数函数与随机数生成函数的用法。当 x 取值为 1 时，对应的概率值为 0.2，当计算取值至 0 的累积概率密度函数时，对应的值为 0.8，当计算超过了 0.8 的 0.80001 分位数时，取值为 1。

2.1.2　Binomial 分布

Binomial 分布即二项分布。进行相互独立的 n 次实验，如果成功（取值为 1）的概率是 p，失败（取值为 0）的概率是 $1-p$，则 n 次实验后成功的次数服从 Binomial 分布。

代码清单：Binomial 分布生成随机变量。

```
> Binomial_10=rbinom(n=10, size=3,prob=0.2);
> hist(Binomial_10,freq=TRUE);
> mean(Binomial_10);
[1] 0.6
> var(Binomial_10);
[1] 0.7111111
```

执行上面的代码，通过将 size 参数设置为大于 1 的参数。

2.1.3 Multinomial 分布

Multinomial 分布即多项式分布。进行这类实验，可能出现 k 种事件，每种事件出现的概率之和为 1。重复此类实验 n 次，则每种事件出现的次数服从 Multinomial 分布。

代码清单：Multinomial 分布生成随机变量。

```
> rmultinom(10, size = 3, prob = c(0.1,0.2,0.7));
    [,1] [,2] [,3] [,4] [,5] [,6] [,7] [,8] [,9] [,10]
[1,]   1    0    0    0    0    0    0    0    0    0
[2,]   1    2    0    0    0    0    0    0    0    2
[3,]   1    1    3    3    3    3    3    3    3    1
> dmultinom(c(0,1,2),prob = c(0.1,0.2,0.7));
[1] 0.294
```

执行上面的代码，可以体会 $k=3$，概率向量为 $(0.1,0.2,0.7)$ 的多项式分布的随机数生成过程与其中一组结果 $(0,1,2)$ 的概率。

2.1.4 Poisson 分布

Poisson 分布即泊松分布。可以看作 Binomial 分布的极限分布，其在现实中应用广泛，经常被用于研究股市中的成交量数据。其形式可记为 $X \sim P(\lambda)$，λ 通常被理解为单位时间内随机事件的平均发生率。

代码清单：Poisson 分布生成随机变量。

```
> obs <- rpois(50, lambda = 4);
> obs
 [1]  5 6 4 6 5 4 3 3 2 6 4 8 6 2 6 3 4 1 5 5 4 4 10 7 5 5 5 6
[29]  3 8 3 6 6 1 2 3 3 4 1 5 5 3 3 6 2 8 6 4 3 5
```

```
> table(factor(obs, 0:max(obs)))

 0  1  2  3  4  5  6  7  8  9 10

 0  3  4 10  8 10 10  1  3  0  1
> mean(obs)
[1] 4.48
> var(obs)
[1] 3.764898
```

执行上面的代码，通过将 λ 参数设置为 4 的方式，借助 R 语言提供的系列函数，从 Poisson 分布随机生成 50 个样本观测值数据。利用 table 函数统计一下 50 个样本观测值中不同整数出现的频率数，可以体会 Poisson 分布的特点，还可以通过样本的均值与方差，体会其分布的特征值特点。

2.1.5　均匀分布

均匀分布作为一种连续型分布，即在区间[a,b]范围内的概率值成均匀分布状态。均匀分布的形式虽然很简单，但是很多复杂的高级分布均有待于通过映射到一定的均匀分布区间而间接生成。

代码清单：均匀分布生成随机变量。

```
uobs_1000=runif(1000,0,1);
> hist(uobs_1000);
```

执行上面的代码，通过 R 语言的 hist 函数显示直方图，可以看到自[0,1]区间生成的 1000 个数字的分布基本上是均匀的。

2.1.6　Beta 分布

Beta 分布即二维的 Dirichlet 分布。进行一次实验，有两个结果。例如，将一根棍子掰成两段，这两段的长度服从 Beta 分布。

代码清单：Beta 分布的生成随机变量。

```
> bobs_1000=rbeta(1000,0.2,0.8);
> mean(bobs_1000)
[1] 0.1937751
> var(bobs_1000)
[1] 0.07424778
```

执行上面的代码，通过 R 语言提供的 beta 系列函数，除了体验其特征值，更重要的是体会如下代码反映出 Beta 分布的特点。

代码清单：Beta 分布的特点。

```
> bobs_20=rbeta(2,0.002,0.008);
> bobs_21=rbeta(2,0.02,0.08);
> bobs_22=rbeta(2,0.2,0.8);
> bobs_23=rbeta(2,2,8);
> bobs_24=rbeta(2,20,80);
> bobs_25=rbeta(2,200,800);
> bobs_26=rbeta(2,2000,8000);
> bobs_20
[1] 1.112537e-311 1.112537e-311
> bobs_21
[1] 1.000000e+00 2.365048e-31
> bobs_22
[1] 0.009574576 0.051136953
> bobs_23
[1] 0.28254448 0.05485182
> bobs_24
[1] 0.2071616 0.2341340
> bobs_25
[1] 0.1983071 0.1852528
> bobs_26
```

```
[1] 0.2036216 0.1972919
> bobs_02k=rbeta(2000,0.002,0.008);
> mean(bobs_02k)
[1] 0.1973565
> bobs_12k=rbeta(2000,2,8);
> mean(bobs_12k)
[1] 0.1957035
> hist(bobs_02k);
> hist(bobs_12k);
```

2.1.7　Dirichlet 分布

Dirichlet 分布即多维的 Beta 分布。进行一次实验，有多个结果。例如，将一根棍子掰成 k 段，这 k 段的各自长度服从 Dirichlet 分布。

代码清单：Dirichlet 分布相关的 R 语言函数。

```
b_rdirichlet = function(alpha){
   dim = length(alpha)
   y=rep(0,dim)
   for(i in 1:dim){
       y[i] = rgamma(1,alpha[i])
   }
   return(y/sum(y))
}
bn_rdirichlet = function(size,alpha){
   mmpp=NULL
   for(iii in 1:size){
       dim = length(alpha)
       y=rep(0,dim)
       for(i in 1:dim){
           y[i] = rgamma(1,alpha[i])
```

```
    }
    mmpp= rbind(mmpp,(y/sum(y)))
  }
  return(mmpp)
}
```

由于 R 语言自带的 stats 统计软件包没有直接提供 Dirichlet 分布的函数，因此本书通过 gamma 函数间接实现了 b_rdirichlet 函数，提供 Dirichlet 分布的随机数生成功能，bn_rdirichlet 为调用 rdirichlet 批量生成 Dirichlet 分布随机向量的函数。

代码清单：Dirichlet 分布生成随机向量。

```
> dobs_3000=bn_rdirichlet(1000,c(0.1,0.2,0.7));
> head(dobs_3000)
            [,1]          [,2]         [,3]
[1,] 4.380863e-06 4.627770e-01 0.5372186
[2,] 4.493923e-02 4.591755e-01 0.4958853
[3,] 5.185213e-09 6.459107e-06 0.9999935
[4,] 2.385007e-12 1.888699e-07 0.9999998
[5,] 3.077937e-03 1.838795e-04 0.9967382
[6,] 7.280354e-06 5.608379e-02 0.9439089
> mean(dobs_3000[,1]);
[1] 0.1151397
> mean(dobs_3000[,2]);
[1] 0.2034194
> mean(dobs_3000[,3]);
[1] 0.6814408
> var(dobs_3000[,1]);
[1] 0.05227751
> var(dobs_3000[,2]);
[1] 0.08283325
```

```
> var(dobs_3000[,3]);
[1] 0.1079776
```

执行上面的代码，体会 Dirichlet 分布的所生成随机向量的特点与特征值。

2.1.8　指数分布

指数分布，Poisson 分布的等待时间服从指数分布，记为 $x \sim Exp(\lambda)$。指数分布是 Weibull 分布的一种特例。

代码清单：指数分布生成随机变量。

```
> eobs_1000=rexp(1000,2);
> mean(eobs_1000)
[1] 0.5079145
> var(eobs_1000)
[1] 0.254956
```

执行上面的代码，可以体会指数分布的随机数与特征值。

2.1.9　Gamma 分布

多个相互独立的指数分布的随机数的和，服从 Gamma 分布。

代码清单：Gamma 分布生成随机变量。

```
> gobs_1000=rgamma(1000,shape=2,rate=3);
> mean(gobs_1000)
[1] 0.6396233
> var(gobs_1000)
[1] 0.1916776
```

执行上面的代码，可以体会 Gamma 分布的随机数与特征值。

2.1.10　逆 Gamma 分布

逆 Gamma 分布即 Gamma 分布随机变量的倒数。

代码清单：逆 Gamma 分布相关的 R 语言函数。

```
b_rigamma = function(n, a, b) {
    return(1/rgamma(n=n, shape = a, rate = b))
}
```

由于 R 语言自带的 stats 统计软件包没有直接提供逆 Gamma 分布的函数，因此本章通过 rgamma 函数间接实现了逆 Gamma 分布的 b_rigamma 函数。在后续的 Gibbs 抽样方法中将用到此函数。

2.1.11　正态分布

正态分布作为独立事件重复实验后的概率分布，是计量经济学中最常见的连续型分布。

代码清单：正态分布生成随机变量。

```
> nobs_1000=rnorm(1000,mean=1,sd=2);
> hist(nobs_1000)
> mean(nobs_1000)
[1] 1.009146
> var(nobs_1000)
[1] 3.900156
```

执行上面的代码，可以体会如图 2-1 所示的正态分布的随机数与特征值。

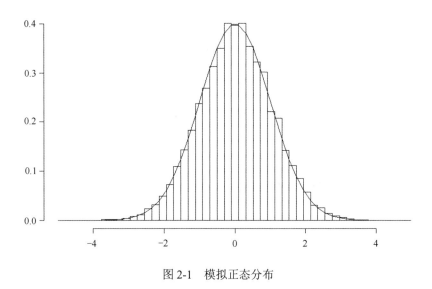

图 2-1　模拟正态分布

2.1.12　多元正态分布

当遇到需要生成多元正态分布的问题时，常用的是 Cholesky 分解的方法。

代码清单：多元正态分布生成随机变量。

```
> require("mvtnorm");
> sigma <- matrix(c(4,2,2,3), ncol=2);
> sigma
      [,1] [,2]
[1,]    4    2
[2,]    2    3
> x <- rmvnorm(n=1000, mean=c(1,2), sigma=sigma, method="chol");
> cov(x)
          [,1]      [,2]
[1,] 3.98535 1.790680
[2,] 1.79068 3.027435
```

执行上面的代码，需要借助名为 mvtnorm 的 R 软件包，借助该软件包的 rmvnorm 方法，通过 Cholesky 分解的方法按照给定的协方差矩阵来生成多元正态分布（此处为简化篇幅以二元为例）。对照抽取 1000 次生成的二元向量的样本值，计算其协方差结果与先前指定的协方差矩阵相近。

2.2　贝叶斯推断的原理和算法

2.2.1　贝叶斯推断的原理

以式（2-1）所示的线性回归模型为例：

$$Y = X\beta + e \ , \ \ e \sim N(0, \sigma^2) \tag{2-1}$$

公式中解释变量前的系数和随机项的方差，在经典计量经济学理论框架下被认为是固定的未知常数，通常的做法是采用最小二乘法计算其无偏估计量。相比之下，Kim 和 Nelson（1999）总结的贝叶斯推断方法，将未知参数看作服从概率分布的随机变量，设定其先验分布，然后利用贝叶斯推断的 MCMC 算法，从先验分布抽取这些参数的随机样本，在抽样过程中结合可观测的数据为条件，得到这些参数的后验估计样本，最后统计后验估计样本的中位数作为参数的估计值。

可见，贝叶斯推断的后验分布是经典计量经济学似然函数与先验分布的结合，后验分布包含的先验信息的不同，将直接导致对模型约束强度提高或降低。本章分别以 Gibbs 抽样算法和 HMC 抽样算法来实现对经典线性回归模型的贝叶斯推断，结合程序代码和输出结果，对比说明贝叶斯计量经济学模型设计与算法实现过程。

2.2.2　Gibbs 抽样算法

基于贝叶斯推断的原理，本章利用 R 语言实现 Kim 和 Nelson（1999）以 Gibbs 抽样方法实证分析美国 1952 年第二季度至 1995 年第三季度实际 GDP 的 AR（4）模型的经典示例。所采用的实证数据，如图 2-2 所示。

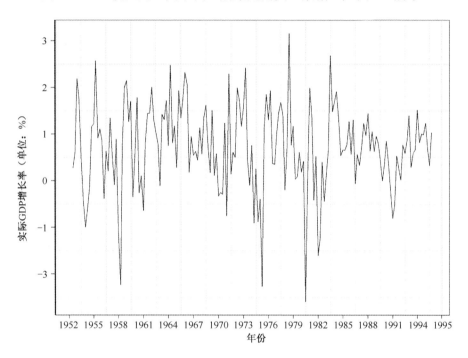

图 2-2　实证数据

利用概率分布的共轭分布族关系，实现 AR（4）时间序列模型的 Gibbs 抽样算法，如下面的代码清单所示。

代码清单：AR（4）模型的 Gibbs 抽样算法。

```
## handle data
gdp=read.table(file="realGDP1952.txt",header=F); gdp=gdp$V1;
```

```
dgdp=100*diff(log(gdp));
## Gibbs Algorithm
require("MASS");
b_rigamma = function(n, a, b) {
    return(1/rgamma(n=n, shape = a, rate = b))
}
Y=dgdp[5:length(dgdp)];T=length(Y);
X = matrix(data=c(rep(1,T),dgdp[4:(T+3)],dgdp[3:(T+2)],dgdp[2:(T+1)],dgdp[1:T]),
nrow=T,ncol=5,byrow=FALSE);
betasV=rep(0,5);sig2=1;
bigBetaV0=rep(0,5);bigSig2M0=diag(1.0,5,5);
bigBetaV1=bigBetaV0;bigSig2M1=bigSig2M0;
c0=1;d0=1;c1=c0;d1=d0;nburn =1000;ndraws=4000;
for(i in 1:nburn){
    #sample Betas
    bigSig2M1=solve(solve(bigSig2M0)+(sig2^-1)*t(X)%*%X);
    bigBetaV1=bigSig2M1%*%(solve(bigSig2M0)%*%bigBetaV0+(sig2^-1)*t(X)%*%Y);
    #sample Sigma2
    betasV=mvrnorm(1,bigBetaV1,bigSig2M1);
    c1=c0+T;
    d1=d0+t(Y-X%*%betasV)%*%(Y-X%*%betasV);
    sig2=b_rigamma(1,c1/2,d1/2);
}
sig2V=rep(0,ndraws);beta0V=rep(0,ndraws);beta1V=rep(0,ndraws);beta2V=rep(0,ndraws);
beta3V=rep(0,ndraws);beta4V=rep(0,ndraws);
for(i in 1:ndraws){
    #sample Beta
    bigSig2M1=solve(solve(bigSig2M0)+(sig2^-1)*t(X)%*%X);
    bigBetaV1=bigSig2M1%*%(solve(bigSig2M0)%*%bigBetaV0+(sig2^-1)*t(X)%*%Y);
    betasV=mvrnorm(1,bigBetaV1,bigSig2M1);
    #sample Sigma2
    c1=c0+T;    d1=d0+t(Y-X%*%betasV)%*%(Y-X%*%betasV);
```

```
    sig2=b_rigamma(1,c1/2,d1/2);
   sig2V[i]=sig2;  beta0V[i]=bigBetaV1[1];beta1V[i]=bigBetaV1[2];  beta2V[i]=bigBetaV1[3];
beta3V[i]=bigBetaV1[4]; beta4V[i]=bigBetaV1[5];
   }
gibbsCoefs=c(mean(beta0V),mean(beta1V),mean(beta2V),mean(beta3V),mean(beta4V));
names(gibbsCoefs)=c("Intercept","beta1","beta2","beta3","beta4");
```

与下面的代码输出结果进行对比，可以发现前面 R 语言实现的 Gibbs 抽样算法，计算得出的 MCMC 后验中位数结果与最小二乘法的计算结果相近，说明贝叶斯计量方法与经典的频率方法，在线性正态假设下的计算结果是一致的。

代码清单：Gibbs 抽样算法与最小二乘法的结果对比。

```
> gibbsCoefs
  Intercept    beta1         beta2         beta3         beta4
 0.49935075   0.29926935    0.09996652 -0.08613012 -0.03171915
>mean(sig2V)
0.7863516
> #Least Squares
> ls=lsfit(X[,2:5],Y);
> coefficients(ls);
  Intercept    X1            X2            X3           X4
     0.50421284   0.29945439    0.09931858 -0.08785951 -0.03310586
```

2.2.3 HMC 抽样算法

Gibbs 抽样算法通常是利用概率分布之间的共轭关系，从先验假设出发，根据边际条件概率的后验概率，对不同参数进行依次轮询的扫描抽样。Gibbs 抽样过程中的样本轨迹，如图 2-3 所示，在联合边际后验样本空间中，每一步抽样形成一个直角三角形的路径。当抽样样本足够充分之后，抽样轨迹形成的联合密度自然就形成了对后验联合分布密度的推断。Gibbs 抽样算法的优势在于，它与随机游走的抽样算法相比，可以利用共轭分布族或者嵌入其他 MC 过程来实现多维参数的联合后验密度推断。其缺点是需要相对困难的后验概率分布解析公式的推导来约束抽样样本轨迹。

图 2-3　Gibbs 抽样算法的联合密度空间轨迹

相比之下，Neal（2011）基于 Hamiltonian 物理空间概念提出的 Hamiltonian Monte Carlo（HMC）算法的抽样轨迹通常会更有效率一些。HMC 算法的原理是，在能量场空间内，寻找概率空间内目标函数变动速度最快的梯度方向，并通过合理地设定步长和步数的方式来优化样本抽样效率，如图 2-4 所示。与 Neal（2011）的 HMC 算法基本设计相比，Hoffman 和 Gelman（2014）对 HMC 算法在步长和步数上进行优化，提出 NUTS（No-U-Turn）策略。NUTS 策略的 HMC 算法已经在多个著名的贝叶斯计量经济学软件中获得了功能上的支持。

如果将每一次抽样得到的样本点绘制到平面坐标系之中，借助这样的样本轨迹图，可以直观地比较不同算法的抽样效率。图 2-3 所示的 Gibbs 抽样算法样本轨迹和图 2-4 所示的 HMC 抽样算法，通过在联合密度空间坐标系上的样本轨迹图对比来看，两种抽样算法都在联合密度样本空间里进行了运动轨迹优化。前者采取的是垂直路径，每一步都和上一步垂直，所以两个参数轮流抽样各走一步的结果显示为一个直角三角形轨迹。后者沿着曲线梯度路径运动，每次执行一定的步长和步数。

图 2-4　HMC 抽样算法的联合密度空间轨迹

在特定的先验假设和实证问题数据特征的条件下，无论采取哪种贝叶斯推断算法，都需要研究者在充分理解经济理论对应数学原理的基础上，设定随机变量的先验假设，然后导入数据，利用模拟方法结合数据样本的信息，进行后验推断。根据后验抽样结果来检查模型估计的稳健性和敏感性。经过反复调教和调优后，得到在主观先验假设设定的条件下，客观稳定的后验估计结果。在满足统计检验的同时，对照模型结果提出经济含义的解释。

本章采用 Stan 概率编程语言，来建立基于 NUTS 策略的 HMC 算法，利用这种新的贝叶斯推断算法估计前面提到过的美国实际 GDP 的 AR（4）模型。

代码清单：Gibbs 抽样算法 AR（k）模型的 Stan 概率编程语言代码。

```
data {
    int<lower=0> K;
    int<lower=0> N;
    array[N] real y;
}

parameters {
    real alpha;
    array[K] real beta;
    real sigma;
}

model {
    for (n in (K+1):N) {
        real mu = alpha;
        for (k in 1:K) {
            mu += beta[k] * y[n-k];
        }
        y[n] ~ normal(mu, sigma);
    }
}
```

通过 Stan 概率编程软件设计的 HMC 算法实现的是 AR（4）模型，包含截距项、4 个自回归系数，以及残差的标准差。这 6 个参数的后验抽样轨迹如图 2-5 所示，其中每个变量被 4 条相互独立的抽样链分别模拟，并将结果平滑处理后展示为如图 2-6 所示的密度曲线。从图 2-5 可以看出，4 条独立的抽样链得到的结果相对密集，没有看出明显的路径差异。图 2-6 中各链的密度曲线也十分接近，说明 HMC 算法的结果稳健。

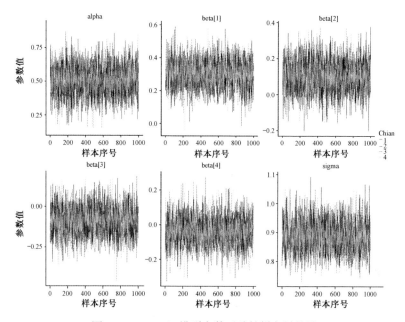

图 2-5 AR（4）模型参数后验抽样各链轨迹

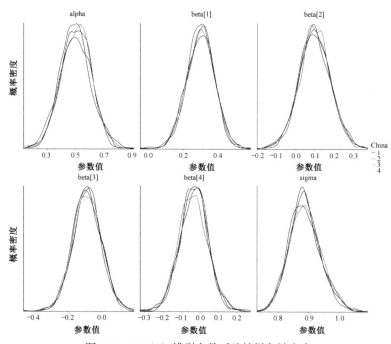

图 2-6 AR（4）模型参数后验抽样各链密度

汇总对同一参数在所有链上的抽样样本，组成全体抽样样本的各参数直方图，如图 2-7 所示。直观结果显示，各参数的分布基本符合正态分布形态，体现了估计结果的有效性。

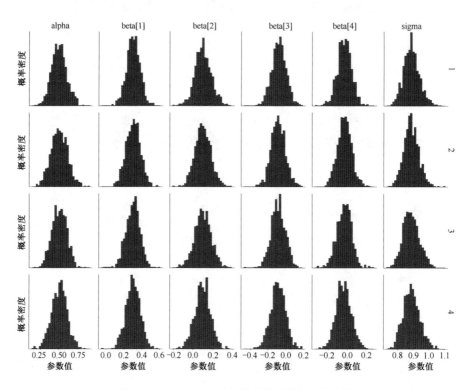

图 2-7　AR（4）模型参数后验抽样各链直方图

结合对角线上已经在图 2-8 中展示过的单参数直方图，可以从直观的角度判断结果稳健。当单个参数的检验通过后，借助图 2-9 所示的联合密度空间抽样轨迹图，可以进一步检验参数两两之间的条件边际后验抽样效果。图 2-9 分别展示了 6 个参数之间横纵坐标两两互换的共 30 幅散点图，均显示均匀规则的联合样本轨迹。

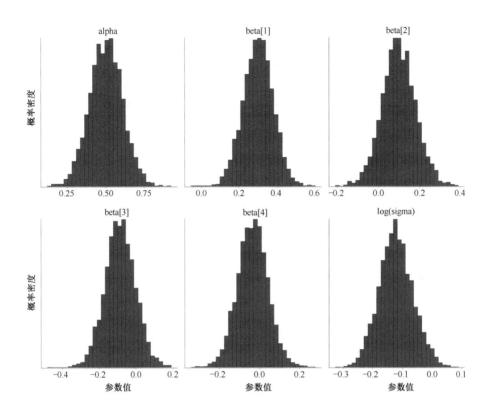

图 2-8　AR（4）模型参数后验抽样汇总直方图

　　表 2-1 展示了 HMC 抽样算法的参数估计结果，其中 1 个截距项，4 个滞后项系数和 1 个残差平方和的抽样链稳定性检验 Rhat 指标都处在 1～1.2 之间，并且在小数点后两位的精确度下估计值为 1.00，说明该估计结果非常稳健。参数取值的后验估计值分别为标准第一列的 0.50、0.30、0.10、−0.09、−0.03 和 0.89。估计误差 MCSE 都几乎为 0，参数的标准差 SD 的值如表中第 3 列数据所示。第 5～7 列展示了 5%、50% 和 95% 三种后验抽样样本的分位数数值，辅助了解参数的系数变动范围情况。而 ESS 一项，代表 NUTS 策略在抽样过程中的有效样本数量，分别都在 3000 以上，体现抽样有效率较高。

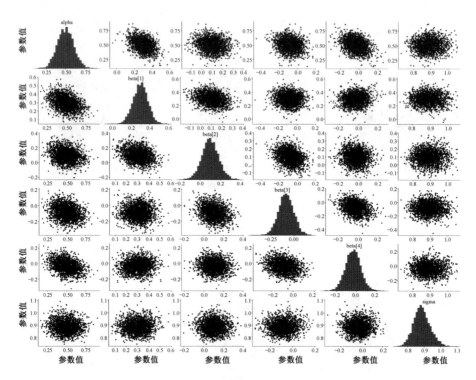

图 2-9　AR（4）模型参数后验联合密度空间抽样轨迹图

表 2-1　HMC 抽样算法的后验估计

	MEAN	MCSE	SD	5%	50%	95%	ESS	Rhat
alpha	0.50	0.00	0.11	0.33	0.50	0.68	3259	1.00
beta[1]	0.30	0.00	0.08	0.17	0.30	0.42	3422	1.00
beta[2]	0.10	0.00	0.08	−0.03	0.10	0.24	3253	1.00
beta[3]	−0.09	0.00	0.08	−0.22	−0.09	0.05	3228	1.00
beta[4]	−0.03	0.00	0.08	−0.16	−0.03	0.09	3112	1.00
sigma	0.89	0.00	0.05	0.81	0.88	0.97	3710	1.00

2.3　本章小结

相对于贝叶斯经典的频率方法，贝叶斯计量经济学从经济理论出发，通过主观设定的先验统计分布，对未知参数的随机变动范围进行约束来完成模型设计。然后，导入可观测的数据，并以可观测的数据为边际条件，在先验假设的基础上，通过贝叶斯推断的抽样算法，抽取代表后验分布的参数随机样本。随机样本在后验抽取的过程中，遵循先验分布假设和可观测数据的边际条件的诱导，在特定 MCMC 策略的驱动下，其抽样轨迹的样本逐渐逼近后验分布，从而实现对参数后验分布的近似估计。本章以线性回归模型为例，展示了 Gibbs 抽样算法和 HMC 抽样算法在贝叶斯计量经济学模型设计和算法实现方面的具体应用。

第 3 章

无限状态 Markov 区制转移模型

3.1　Markov 区制转移模型

3.1.1　固定状态数量的 Markov 区制转移模型

本章以自回归模型为基础，介绍 Markov 区制转移的时间序列模型扩展方式，即 Markov 区制转移的自回归模型。该模型的自回归假设部分由式（3-1）表示，其中的回归系数下角标的区制状态序号被假设为随机变量，服从式（3-2）的概率转移矩阵。而每个状态向其他状态转移的概率参数服从式（3-3）所示的 Dirichlet 分布。

$$y_t = \beta_{0,s_t} + \sum_{i=1}^{m} \beta_{i,s_t} y_{t-i} + \varepsilon_t, \ \varepsilon_t \sim N(0, \sigma_{s_t}^2) \qquad (3\text{-}1)$$

$$P(S_t = j \mid S_{t-1} = i) = \omega_{ij} \qquad (3\text{-}2)$$

$$\omega_{i,j} \sim \text{Dirichlet}\,(u_{1,j}, u_{2,j}, \cdots, u_{i,j}, \cdots, u_{k,j}) \qquad (3\text{-}3)$$

式（3-2）描述了不同区制间的状态转移概率，其中 $1, \cdots, k$ 分别代表 k 个区制状态。在固定状态数量的 Markov 区制转移模型中，k 为固定的状态数量，由先验假设主观设定。向量空间 θ 中的参数的边际，分布在 Gibbs 抽样算法的实现过程中，遵循共轭分布族假设，而状态潜变量 S_t 的边际分布，通过构造贝叶斯推断的抽样算法来实现。例如，单步移动算法与被称为向前滤波向后抽样（FFBS）的多步移动算法。

3.1.2 无限状态 Markov 区制转移模型

回顾前述 MS-AR 模型的式（2-1）方程，不难看出，其实 MS-AR 模型的实质是 k 个状态的混合正态分布模型，其随机部分由 k 个正态分布依状态转换概率的权重组合而成。那么如果混合构成 MS-AR 的状态数量突破 k 个状态的先验假定限制，由此可以产生无限多个不同状态的分层 Dirichlet 过程。

Fox 等（2011）的 Sticky HDP-HMM 分层 Dirichlet 过程结合无限状态隐性 Markov 模型（IHMM）进入先验假设，本章借助 Sticky HDP-HMM 分层 Dirichlet 随机过程将固定状态数量的 Markov 区制转移模型扩展为无限状态 Markov 区制转移模型（IMS-AR），其模型先验假设中，增加了由式（3-4）、式（3-5）和式（3-6）表示的 Sticky HDP-HMM 分层 Dirichlet 随机过程。

在式（3-1）的基础上，当我们将其扩展的目的是突出时变性，而非考察区制状态的结构突变性质时，本章称为无限状态 Markov 区制时变自回归模型（RTV-AR）。

$$\gamma \sim \text{stick-breaking}\,(\eta) \tag{3-4}$$

$$\omega_j |\, \alpha, \gamma, \kappa \sim \text{DP}\,(\alpha+\kappa, \frac{\alpha\gamma + \kappa\delta_j}{\alpha+\kappa}) \tag{3-5}$$

$$S_t \sim \text{Multinomial}\,(\omega_{s_{t-1}}) \tag{3-6}$$

从固定区制数量的 Markov 区制转移模型到无限状态 Markov 区制转移模型，最重要的改变之一是将先验假设中的 Dirichlet 分布假设，扩展为 Dirichlet 随机过程。随机变量的分布，如正态分布、伽马分布，包括 Dirichlet 分布在内，其形式和参数是事先确定的。但是随机变量也可以服从 Dirichlet 随机过程，将参数空间扩展到无限，形成一种贝叶斯非参数模型。

用一个随机过程来不断构建新的分布，这是 Dirichlet 随机过程与

Dirichlet 分布的本质区别。在任意时点上，Dirichlet 随机过程都包含现有状态与可能产生的新状态，它们之间的概率分布服从当前时点的 Dirichlet 分布，而在下一时点上很可能又产生新的状态，对 Markov 区制转移模型来说，即以一定的概率可以产生新的区制状态。

3.2　贝叶斯非参数方法

3.2.1　Sticky HDP-HMM 随机过程

在 Dirichlet 过程的基础上增加分层的 Dirichlett 随机过程（Hierarchical Dirichlet Process，HDP 模型）的形式，即 Dirichlett 随机过程的生成过程基于另一个 Dirichlet 随机过程实现，使得潜在状态变量的随机模拟过程可以具有更加灵活的适应性。将分层 Dirichlet 随机过程与 IHMM 模型相结合，提出了带有黏性的无限状态隐性 Markov 模型（Sticky Infinite Hidden Markov Model，Sticky HDP-HMM），这是一种最新的分层 Dirichlet 随机过程。

Sticky HDP-HMM 分层结构的 Dirichlet 随机过程是由式（3-4）与式（3-5）所示的，一个两层结构的随机抽取过程。其中第一层的 γ 是由式（3-4）代表的 stick-breaking 断棍过程产生的参数向量，作为 DP 代表的第二层 Dirichlet 过程的参数，其中 α, η, κ 是超参数，δ_j 为示性变量，其下角标 j 与 ω_j 的相同时，δ_j 的值为 1，否则为 0。分层的 Dirichlet 过程为式（3-6）所示的状态潜变量的多项式分布提供了理论上不限状态数量的无限维度。因此，称为无限状态 Markov 区制转移模型。

3.2.2　多步移动策略的 Gibbs 抽样算法

Markov 区制转移模型中的状态潜变量，可以借助先向前滤波再向后抽样的 FFBS 策略来估计。向量空间 θ 内参数可直接依照共轭后验分布族进行抽样。具体的算法步骤简要描述如下：

① 初始化超参数。

② 以 FFBS 算法模拟出区制状态潜变量序列。

③ 对参数向量 θ 中的参数依次进行 Gibbs 抽样。

④ 重复②③步骤（M0+M）次，舍弃前面 M0 次的预烧过程，以后面 M 次的结果估算向量空间的模型参数与状态潜变量的转移概率。

3.2.3　贝叶斯非参数方法的应用

长久以来，数据的非平稳性一直是计量经济模型实证研究发展的技术障碍，为了避免时间序列中可能存在的非平稳性，对原始数据的差分操作等额外处理过程，是导致现有计量分析模型错失实证数据中重要信息的主要原因（秦朵，2012）。时间序列数据的非平稳性，容易导致现有的计量方法无法有效地区分短期波动与 AR 结构的局部状态变化。数据非平稳性问题也困扰着多元模型的实证研究，沈悦等（2012）对 VAR 模型的演变与最新发展做的文献综述，认为不加区分地运用水平 VAR 或者差分 VAR 是目前发表的文献中广泛存在的问题，未来采用非线性、时变参数等方面拓展 VAR 模型应该受到重视。

传统 VAR 模型假设条件是线性与正态分布假设，以其为基础的格兰杰因果关系检验也是在这种前提下的假设检验方法。对于线性模型的扩展，通常采用带有区制特征的非线性模型替代，并采用 Gibbs 抽样为代表的贝叶斯推断方法来实现。其中 MS-VAR 模型是最直接的选择，但是这种模型的区制状态需要在先验条件中给定，而且通常只适合 2 区制或者 3 区制这类较为有限区制的情况下使用，其实质是采用 Dirichlet 分布（当区制数设定为 2 时，退化为 Beta 分布）来驱动 Markov 区制转移过程以混合正态分布作为先验的分布条件，这种非线性模型，虽然打破了传统线性模型的正态假设条件，但是由于有限区制数量的先验假设条件，使其无法完全适应带有不平稳性与结构不稳定的数据的处理过程。

在平稳数据的前提条件下，通常以单位根检验的方法来判断数据的平稳性，这种方式检验数据整体的平稳性。在 Markov 过程假设下，AR 过程在局部不排除存在单位根过程的可能性，从而存在局部不平稳性检验的问题。时间序列数据的整体平稳性与局部平稳性之间是既不充分也不必要的相互关系。作为线性模型的非线性混合，Markov 区制转移模型也存在数据平稳性的问题。

本章从回顾 Makov 区制转移模型的贝叶斯方法为起点，引入 Sticky HDP-HMM 分层 Dirichlet 随机过程，以自回归模型为例，将固定数量的 Markov 区制转移模型扩展为无限状态 Markov 区制转移模型，用于适应非平稳和非线性计量经济学实证研究问题的应用需求。

3.3　本章小结

在计量经济领域，历史上具有开创性的 Markov 区制转移模型，在经济研究领域具有广泛的应用。其在区制状态数量的先验限制、时变参数估计上的短板、非平稳数据适应上的欠缺，限制了其在处理更多经济问题上的应用。本章以 Sticky HDP-HMM 随机过程扩展固定状态数量的 Markov 区制转移模型，实现了无限状态 Markov 区制转移模型的贝叶斯非参数推断方法，为非平稳和非线性假设条件下的计量经济学实证研究提供了新的选择。本书的后续章节，将以其他一元和多元时间序列模型为基础，针对所研究的经济问题，通过相应的无限状态 Markov 区制转移模型扩展，将贝叶斯非参数方法的前沿进展，应用于计量经济学实证研究。

第 4 章

通胀率动态与通胀惯性度量[①]

① 本章部分成果发表在陈守东、刘洋撰写的《南方经济》（2015 年第 10 期）的文章中。

4.1　货币政策与通胀惯性

4.1.1　贝叶斯非参数方法度量通胀惯性

通货膨胀惯性（简称通胀惯性，也称通胀持久性）最初的定义来自对反通胀过程的研究。Fuhrer（1995）将其定义为通胀过程在受到货币政策冲击后，偏离均衡状态所持续的时间。由此，通胀惯性通常被认为是导致货币政策滞后效应的原因，此处的货币政策是指以货币供给量作为中介目标的政策。通胀惯性作为通胀过程的结构性特征，从通胀过程受到单位冲击的角度考虑，主要以通胀率自回归过程的 AR 系数之和来衡量。当采用经典模型的实证结果得到相互矛盾的结论时，考虑通过扩散先验的贝叶斯计量经济学模型来验证。

Fuhrer（2010）的通胀惯性理论认为，通胀过程实际上是一个可能存在结构不稳定性的动态随机过程，为了全面反映其动态结构的变化，有效度量通胀惯性，需要对其可能存在不平稳性与结构不稳定性的 AR 过程进行无限状态的区制进行拟合。有别于有限状态数量的区制模型，贝叶斯非参数的 IMS 模型可以通过其 MCMC 过程中，由后验分布产生的不限状态数量的不同区制的 AR 结构对数据的充分拟合，得到 AR 系数之和（简称 ARC 指标）的后验中值无偏估计。ARC 指标被众多学者的文献所广泛采用，用于度量通胀过程的状态稳定性。

4.1.2　通胀惯性理论与计量结果的争议

虽然美国货币政策利率工具的高效性通常受到认可，然而其近年来以通胀为单一目标的货币政策体系也暴露出潜在的风险与执行效果上的欠缺，特别是在反思 2008 年美国金融危机前后的货币政策实施过程中，部分学者对其进行了质疑。在货币政策的执行过程中，如何有效跟踪货币政策的执行效果，客观评价政策工具实施代价，对正在推进利率市场化与发展货币政策工具的我国来说，显得尤为重要。在反思美国货币政策的过程中（索洛等，2005），索洛讨论"美联储应该如何谨慎行事"时，强调了由 Fuhrer（1995）提出的通胀惯性的概念与模型的重要性，通胀惯性为跟踪货币政策的执行效果与评价政策工具的实施代价，提供了一种理论框架与计量模型。Fuhrer（2011）进一步定义和解释了通胀惯性的经济含义。

考虑到近年来以利率为中介目标的货币政策体系的发展，Fuhrer（2011）在菲利普斯曲线与利率规则的基础上，推导出通胀惯性在以利率为中介目标的货币政策体系下，作为独立指标的经济含义。Fuhrer（2011）从通胀率前后期关系的角度考虑通胀惯性，依然是主要以通胀率自回归过程的 AR 系数之和来衡量的。

除了对货币政策效果的影响，作为以通胀率自回归过程的 AR 系数之和来度量的通胀惯性，也能代表更广泛意义上的整体价格的平稳性，其变动会直接导致通胀率自回归过程的结构性变化。由于通胀惯性无法直接观测且缺乏实时有效的度量方法，学者对该指标的认识并不明确，通常被简单地认为是一个接近 1 且长期稳定的数值，因此其刻画通胀过程稳定性，乃至广泛意义上的中长期整体价格稳定性的含义容易被忽视。

早期以货币供给量作为中介目标的货币政策，在现实操作中的滞后性十分明显，但是其具备良好的自动反周期特性，在货币紧缩政策导致实际 GDP

下降后，利率也会下降，从而缓解了实际 GDP 的下降。相比之下，以利率为中介目标的货币政策在现实执行中的滞后期大为缩短，但是对其实施代价目前还缺乏深入的认识与有效的度量方法。在理论分析上，流动性偏好理论认为两种政策工具没有本质区别。货币政策既可以用货币供给量来描述，也可以用利率来描述。因为增加货币供给量的操作将导致利率降低，调低利率的操作也会导致实际货币供给量的增加，反之亦然。但是，从近期黏性信息经济学理论的角度分析，两种类型的货币政策工具有显著的区别，黏性信息经济学认为公众对利率信息更加敏感。不同经济学理论对菲利普斯曲线模型进行了不同方式的扩展，以解释社会实践过程中的通胀惯性和与其紧密相关的货币政策滞后性。

理论分析判断需要通过计量模型对数据的实证分析来检验，更多的计量经济学者尝试采用计量模型对通胀惯性进行度量和分析。3 种度量通胀惯性的方法包括：①根据通胀率动态 AR 过程的滞后项系数之和度量的方法；②根据通胀率动态 AR 过程的最大特征根（简称 LAR）度量的方法；③计算单位冲击对通胀影响维持在 0.5 个单位根以上时间的半衰期法。其中，第一种方法得到最广泛的认可，但是不管采用哪种方法，通胀惯性的度量都是以对通胀率动态的分析为基础的。有充分的文献证实了通胀率时间序列不仅局部可能包含单位根，而且数据存在局部不平稳性，存在不稳定性和结构断点。这不仅增加了研究通胀率动态本身的困难，更使得依赖其 AR 结构度量的通胀惯性指标成为一个不可直接观测的潜变量。

在对我国通胀惯性水平与通胀动态的研究中，张屹山和张代强（2008）认为，我国通胀率过程是一个具有局部单位根的门限自回归过程，在通胀的减速阶段是平稳的自回归过程，在通胀的加速阶段是具有单位根的自回归过程，且在两种状态下都存在高通胀惯性。张成思采用断点检验与"Grid Bootstrap"方法，对我国 1980—2007 年的通胀过程进行分析，认为我国的通胀惯性即使在低通胀环境下，依然相当高。张凌翔和张晓峒（2001）采用非线性单位根检验方法检验了我国通胀率过程的整体平稳性。也有学者从通胀不确定性的角度分析通胀率过程的波动性，如何奇志和范从来（2011）采用了 Markov 区制转移模型，分析认为通胀水平与波动性呈正相关关系。

当以货币供应为政策工具并存在真实刚性时，通胀对政策冲击的响应具有滞后性。当以名义利率为政策工具时，通胀会在货币政策冲击之后立即达到峰值，不存在滞后效应。与过去相比，目前的货币政策多已转变为以利率为中介目标的政策工具来实施，这也促使 Fuhrer（2011）重新定义和解释了通胀惯性的经济含义。Fuhrer（2011）把简化菲利普斯曲线纳入通胀惯性模型，在以利率为中介目标的货币政策体系下，推导出通胀惯性作为独立指标的经济含义，并以此通胀惯性的经济理论模型为基础分析，认为频繁地使用货币政策工具以实现通胀率目标将付出通胀惯性的代价。

本章从 Fuhrer（2011）的基于菲利普斯曲线与利率规则的通胀惯性经济理论的模型出发，引入 Fox 等（2011）的 Sticky HDP-HMM 分层 Dirichlet 过程，将通胀率过程扩展为非线性的无限状态 Markov 区制转移的计量经济模型，以实现对通胀惯性的有效度量，检验利率工具对通胀惯性的影响与货币政策的代价，重点检验了金融危机前美国的货币政策工具对通胀惯性的影响，分析美国货币政策的执行效果与付出的代价，进而分析我国的通胀惯性与货币政策的执行效果，检验我国的通胀惯性近期受货币政策的影响情况。最后，将中美放在共计 10 个国家的通胀惯性的对比中进行分析，全面总结通胀惯性的共性规律，进一步确认本章的实证结论。

4.1.3　菲利普斯曲线、利率规则与通胀惯性

1. 宏观调控过程中的菲利普斯曲线与通胀过程

无论是从近期经济理论发展的角度，还是从货币政策的实践过程中分析，将通胀惯性仅作为通胀率过程的动态特征来研究是远远不够的。只有从通胀惯性的形成机理与经济活动内在关联的角度进行分析，才能全面解

释通胀惯性。

首先，从反通胀的货币政策执行过程中分析通胀惯性的含义。按照短期菲利普斯曲线的经济理论，在实施反通胀的紧缩货币政策后，经济沿着短期菲利普斯曲线向下移动，即到达更高的失业率与更低的通胀率位置。在完成短期向长期的转变后，通胀预期下降，短期菲利普斯曲线向左移动，失业率重回自然失业率水平。从货币政策执行的效果上看，通胀过程在受到货币政策冲击后，如果没有经过足够长的时间便达到了目标通胀率，那显然是通胀惯性受到了冲击，否则在高通胀惯性的情况下，通胀率只会缓慢达到政策目标。Fuhrer（1995）认为，在反通胀过程中，较高通胀惯性推升反通胀成本，使"牺牲率"提高，即需要为降低一个百分点的通胀率付出更高的产出代价。例如，美国在 1979 年实施反通胀的货币政策后，于 1983 年实现通胀目标，而失业率在 1987 年才恢复到 1979 年的水平。在这次反通胀过程之前，持理性预期理论的学者认为，如果能传递更多的信息给公众，让公众相信通胀会下降，可以直接影响和降低通胀预期。

从这种观点出发，降低通胀的代价应该比以"牺牲率"估算的小很多，甚至根本没有代价。其后的社会实践证明，美国在 1979 年开始实施反通胀的过程中，付出的代价虽然很大，但确实比"牺牲率"计算得低，而且当时向公众传递信息的渠道也被证明确实没有完全发挥出作用。

可见，影响通胀预期是达成最终政策目标的关键，而影响通胀预期的传导机制有两种：一种是存在滞后期的传导机制，即通过实际的经济过程调节总需求，改变社会中物品与劳务的供应量，在经济环境对货币政策敏感性不变的情况下，经过一个滞后期，在完成从短期向长期的转变后，改变通胀预期；另一种是不存在滞后期的传导机制，或者被称为"无代价"的方法，即没有经过实际的经济过程，也不需要等待短期向长期的转变，通过信息的传递或者其他手段，增强经济环境对货币政策的敏感性，直接影响通胀预期。显然每种货币政策都同时包含这两种传导机制。

相反，当采取扩张性货币政策时，经济沿着短期菲利普斯曲线向上移动，通胀率升高，失业率降低，在完成从短期向长期的转变之前，货币政策体现出其非中性的作用。直到通胀预期上升，短期菲利普斯曲线向右移动，失业率回升到之前的水平，通胀率还保持在上升后的水平，货币政策恢复其中性特征。可见，当采取扩张性货币政策时，如果经济环境对货币政策敏感性较强，通胀预期改变得更快。在研究宏观经济的过程中，不能忽略货币政策本身的影响因素。

2. 通胀惯性独立的经济含义与计量经济模型

考虑到货币政策本身在经济过程中不可忽视的影响力，Fuhrer（2011）认为，目前的货币政策制定者有必要首先搞清楚本国的通胀惯性是否源于经济结构自身特点，如果是具有独立于通胀过程的经济含义，可以被认为是经济形势稳定的特征指标，又或者是其货币政策行为作用于经济结构的特殊结果。

从 Fuhrer（2011）的通胀惯性模型可以看出，其对通胀惯性的理解，与 Fuhrer（1995）之前对通胀惯性的定义相比已经有所推进，新定义从更多变化的角度考虑通胀惯性，并做出了两个重要的判断：一是当利率对通胀的响应更加频繁时，通胀惯性将随之降低；二是当通胀预期对货币政策的通胀目标更加敏感时，通胀率 AR 结构的稳定性将被打破，其 AR 系数之和可能产生倾向于通胀目标的方向变化，使通胀过程加速，达到通胀目标。

本章的实证分析将对 Fuhrer（2011）的通胀惯性理论的新模型加以检验，分析频繁利率政策工具对通胀惯性的影响。

4.1.4　通胀惯性的度量

Fuhrer（2011）的通胀惯性理论模型中描述的通胀率过程，实际上是一个结构不稳定的动态过程，为了全面地反映其结构变化，有效度量通胀惯性，本章从通胀动态过程出发，扩展为通胀率的 IMS-AR 模型。对其可能存在不平稳性与结构不稳定性的 AR 过程进行无限状态的区制拟合。有别于有限状态数量的区制模型，这种 IMS 类的模型可以通过其 MCMC 过程，由后验分布产生的不限状态数量的不同区制的 AR 结构对数据的充分拟合，得到 AR 系数之和的后验中值无偏估计。

虽然具体形式不同，但各种基于区制假设的模型在分析过程中都存在检验区制数量的问题。除了通过某种方法检验再确定区制数量，在无限状态的先验假设下进行区制分析的方法体系被越来越多的学者所采用。必须给定区制数量作为约束条件的根源，是模型迭代过程中依赖于 Dirichlet 分布（两区制时退化为 Beta 分布）作为区制演化过程的先验分布或前提假设。Dirichlet 分布只能在给定维度的有限状态下迭代更新，而基于动态变化的 Dirichlet 分布形成的 Dirichlet 过程（Dirichlet Process），是可以在迭代中自主更新区制数量的无限状态随机过程。这种可以从数据中挖掘出更多信息的方法，在不断解决多个领域的复杂数据问题的过程中，已成为一个完善的非参数方法体系且应用广泛。Fox 等（2011）将分层 Dirichlet 过程与隐性 Markov 模型相结合，提出了带有黏性的无限状态隐性 Markov 模型（Sticky Infinite Hidden Markov Model，Sticky HDP-HMM，这是一种最新的分层 Dirichlet 过程），并采用这种模型，实现了对混杂语音记录的有效识别。

在计量经济学领域，Jensen 和 Maheu（2010）将其引入随机波动率模型（简称 SV-DPM），捕捉更多未知信息，提升了分布预测效果。Jochmann（2015）基于 Fox 等（2011）的 Sticky HDP-HMM 模型实现针对美国通胀率动态的区制结构断点的检验方法。本章设计并实现的 IMS 模型，其实质是以 Fox 等（2011）的 Sticky HDP-HMM 分层 Dirichlet 过程为先验条件，将 Kim 和 Nelson（1999）的贝叶斯 Markov 区制转移模型扩展到无限状态，结合 *K*-Means 算法构建出的无限状态 Markov 区制转移模型。为研究通胀惯性构建的 IMS-AR 模型，可实现对通胀惯性的有效度量与区制分析，为检验通胀惯性的变化与 Fuhrer（2011）模型的有效性提供了工具。

通胀惯性是以通胀率过程的 AR 系数之和度量的，其 IMS-AR 计量模型以式（4-1）所示的通胀过程为基础，其中，π_t 代表 t 时期的通胀率，数据的总长度是 T，β_{0,s_t} 代表截距项，其下角标中的 0 代表它是截距项，其下角标中的 s_t 代表 t 时期 π_t 所处的区制状态序号，在无限状态的假设条件下，该值在理论上可以为任意正整数，服从式（4-2）所示的 Sticky HDP-HMM。s_t 在后续各式中保持与此相同的含义。m 代表模型所考察的最大滞后阶数。每个滞后项 π_{t-i} 的系数 β_{i,s_t} 的下角标代表它是滞后 i 期的系数，且处于序号为 s_t 的区制状态。通胀惯性由式（4-3）中的 g_t 表示，即 t 时刻的滞后项系数之和。由于区制转移过程的存在，所以 g_t 是时变的，而且在无限状态假设下，g_t 可以重复已有的区制，也可以转换到未知的全新区制，这使得 IMS-AR 模型既可以度量通胀过程的极端情况，又可以充分刻画其短期结构的变化。

$$\pi_t = \beta_{0,s_t} + \sum_{i=1}^{m} \beta_{i,s_t} \pi_{t-i} + \varepsilon_t, \ \varepsilon_t \sim N(0, \sigma_{s_t}^2) \tag{4-1}$$

$$S_t \mid \beta_{0,j}, \beta_{1,j}, \cdots, \beta_{m,j}, \sigma_j^2 \sim \text{Sticky HDP-HMM} \tag{4-2}$$

$$g_t = \sum_{i=1}^{m} \beta_{i,t}^{\text{RTV}} \tag{4-3}$$

4.1.5 通胀惯性与货币政策的实证分析

1. 美国通胀率动态分析

进入 21 世纪，更多的社会实践经验与实证分析显示美国的通胀惯性已经悄然改变了。自美国 1979 年为治理其 20 世纪 70 年代的大通胀过程付出较高成本后，还在 1989 年前后通过十多次连续提高联邦基金基准利率的方式，以两年的微弱经济衰退的代价平抑了通胀率。2001 年，为应对网络泡沫破灭与恐怖袭击可能带来的衰退，美国下调利率十多次。2008 年，为应对金融危机后可能的衰退，美国把联邦基金基准利率调到了接近 0 利率的 0.25%。从社会实践中可以看出，美国在 20 世纪 80 年代之后的货币政策操作，其货币政策效应显现的滞后期明显变短了。Fuhrer（2011）在对比和总结了通胀惯性相关文献的研究成果后认为，美国的通胀惯性已经发生变动，并以基于菲利普斯曲线与利率规则的通胀惯性模型做出解释，从理论的角度分析是频繁的利率操作，使美国经济付出了通胀惯性的代价。本章的实证研究首先检验 Fuhrer（2011）的理论观点。

本章采用被广泛认为能充分代表美国通胀过程的数据，如图 4-1 所示为美国个人消费支出平减指数（PCE）通胀率，从中可以看出 1953—2013 年的美国 PCE 的季度数据，以此分析美国通胀惯性，数据源于美国联邦储备局网站，并根据贝叶斯信息准则选择滞后 3 阶进行分析。并检验美国通胀惯性与图 4-2 所示的美国联邦基金利率之间的一致性关联关系。

图 4-1　美国 PCE 通胀率

图 4-2　美国联邦基金利率

图 4-3 为 AR 系数和的后验分位数，其中显示了本书采用的 IMS 模型对美国 PCE 通胀惯性的后验中值估计，图 4-3 的 AR 系数和与图 4-4 的最大特征根相比，形态相似，但是后者要更加平坦一些。两种方法虽然都反映了相同 AR 过程的结构变化，但是计量的方式不同。本章主要以大多数文献采用的 AR 系数和的方式对通胀惯性进行度量，并参考最大特征根的结果，检验通胀率存在单位根过程的可能性。图 4-3 与图 4-4 中的实线代表后验中位数估计，上下虚线分别代表 10% 与 90% 后验分位数估计。其中，1972—1986 年的 AR 系数和与最大特征根局部接近或超过 1 的概率较高。1953—2012 年的度量结果与 Jochmann（2015）得出的估计值接近。从 AR 系数和与最大特征根都可以判断 1986 年之后，通胀惯性的短期变化趋势明显。特别是将图 4-3 的通胀惯性估计值与图 4-1 所示的美国 PCE 通胀率数据的短期变化相比，发现自 1989 年前后美国采用利率工具调控通胀之后，越接近 2008 年，通胀惯性与通胀率的短期变化趋势越显得一致。而在此之前，即便通胀率的波动更加剧烈，通胀惯性亦基本保持稳定。进一步通过图 4-5 的美国 PCE 通胀惯性的区制分析发现，在 1989 年调控之后，伴随着调控效果的逐步显现，通胀惯性明显下降了两个区制状态的跨度。图 4-5 中的实线代表最大概率的区制状态，虚线是 AR 系数和估计的通胀惯性指标，下方点线代表处于此区制状态的概率，多条水平的虚线代表不同区制状态的通胀惯性指标水平，4 条竖线突出标注出相关事件的关键时间点。

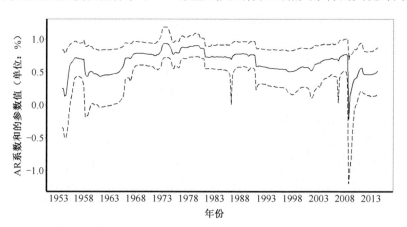

图 4-3　AR 系数和的后验分位数

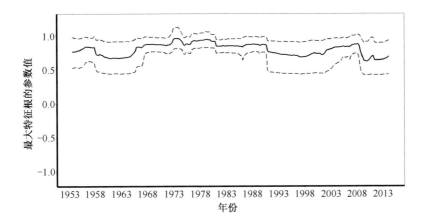

图 4-4　最大特征根的后验分位数

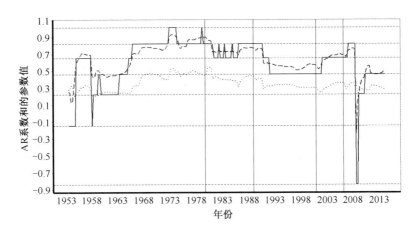

图 4-5　美国 PCE 通胀惯性的区制分析

对照图 4-2 的美国联邦基金利率的操作过程可以发现，在 1989 年后频繁的利率工具的作用下，通胀率在 2006 年之前，一直被控制在目标区域范围内，波动也明显降低了。在此过程中，通胀惯性没有使货币政策执行效果像 1979 年那样产生很长的滞后期，而且还明显与通胀率一起在响应利率工具的调控作用。此时的通胀惯性在利率上升时下降，在利率下降时转为上升。直到 2008 年金融危机期间，通胀惯性短期触底之后，美国联邦基金利率已无再降空间而保持在接近 0 利率的水平，通胀惯性开始逐渐恢复，至今仍明显低于金融危机前的水平。与通胀过程越发及时的响应利率操作的现象不同，图 4-6 所示的美国失业率数据滞后于利率操作的时长，似乎一直保持在 3 年左右滞后期水平。可见，频繁的利率操作加快了通胀率的调控效率，付出了通胀惯性的代价，却对实际经济的影响有限。

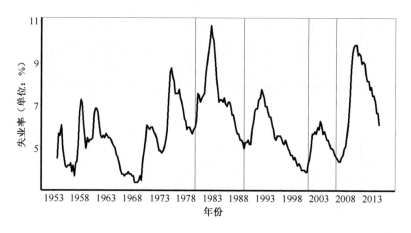

图 4-6　美国失业率

进一步对图 4-7 中扰动项方差的后验分位数进行分析可以看出，通胀率过程在不同阶段受到的冲击扰动因素不同，其扰动项方差存在明显的不确定性，并且在"大通胀"与"金融危机"期间波动较大。从图 4-8 中可以看出，整个通胀率过程的截距项相对平稳，其动态过程主要受 AR 结构变化的驱动。从图 4-9 中可以看出，通胀率过程存在多个概率超过 30% 的结构断点。从图 4-10 显示的区制数量的后验分布来看，通胀过程最大可能性的区制数量是 7。

为确认利率调控对通胀惯性的影响，特别是在 2008 年美国爆发金融危机之前的这段时期，利率调控与通胀惯性变化之间的相关性，本章借鉴互信息手段检验非线性时间序列相关性的方法，检验美国利率数据与美国通胀惯性之间的一致性关联指数。

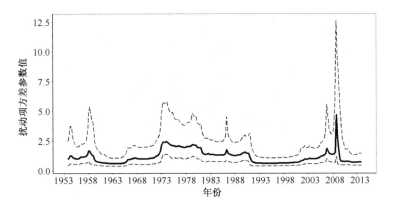

图 4-7 扰动项方差的后验分位数

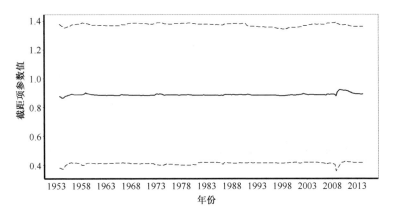

图 4-8 截距项的后验分位数

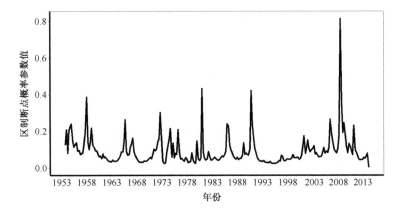

图 4-9 区制断点概率

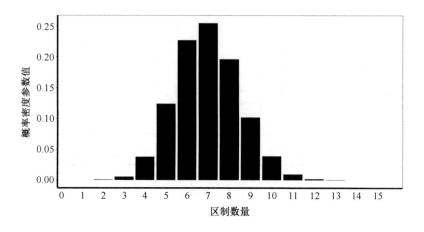

图 4-10　区制数量的后验分布

本章所采用的互信息检验工具为 R 软件平台中的 entropy 软件包。通过互信息检验发现，美国 2001—2007 年的利率数据与通胀惯性的一致性相关指数达到 0.94 的极高水平，而在 2001 年之前，该指数维持在 0.76～0.89。本章也采用了美国 CPI 通胀率数据对美国的通胀惯性进行了分析和检验，结果与基于 PCE 通胀率的分析结果一致。这说明通胀惯性在频繁的利率调控影响下，在特定时期几乎随着货币政策工具的调整而改变，短期内已经部分脱离了经济结构自身的特点，更倾向于反映货币政策作用的结果。

综上所述，美国的通胀惯性在采取单一的利率工具、单一的通胀目标后，不断受到利率政策的影响而下降，这验证了 Fuhrer（2011）的分析，即当利率对通胀的响应更加频繁时，将付出通胀惯性的代价。在美国央行不断加快达到其通胀目标的同时，也加快了对通胀预期的直接影响，联系着实际通胀率与通胀预期目标的通胀惯性指标，不仅不能对货币政策产生足够的滞后效应，而且表现出顺应通胀率达到通胀目标的变化趋势。由此可见，美国单一工具与单一通胀目标制的货币政策，对短期调控效率的提升，是以损失经济环境中广泛意义上的中长期整体价格稳定性为代价的。

2. 从通胀惯性看中国宏观调控政策的执行效果

前述的实证分析表明，在利率市场化体系成熟的美国，频繁的利率调控在提高通胀调控效率的同时，付出了通胀惯性的代价，却对实际经济的影响有限。对于坚持实行多目标制的中国，在逐步推进利率市场化的进程之中，是否也存在或者将出现类似美国的现象？这需要通过实证研究来分析。本章重点选取了被广泛认为能全面反映中国通胀总体状况的 GDP 平减指数（GDP_D）与居民消费价格指数（CPI）的季度数据，对中国的通胀惯性进行实证研究。数据来源为中国国家统计局网站。GDP_D 选取 1993 年第一季度至 2015 年第二季度的季度数据，通过贝叶斯信息准则选取滞后 2 阶模型进行分析。CPI 选取 1987 年第一季度至 2015 年第二季度的季度数据，通过贝叶斯信息准则选取滞后 6 阶的模型进行分析。如图 4-11 所示，其中实线代表的是 GDP_D，虚线代表 CPI。

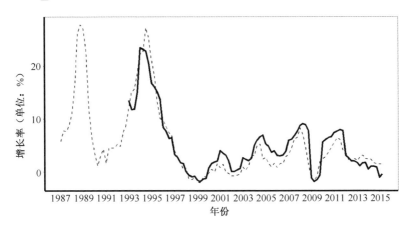

图 4-11　中国 GDP_D 与 CPI 数据

结合图 4-12 所示的中国人民币贷款基准利率与图 4-13、图 4-14 所示的中国 GDP_D 通胀惯性和 CPI 通胀惯性估计值与区制分析的结果可以发现，在 1996 年实现"软着陆"之前，中国投资建设的扩张阶段，通胀惯性出现过类似美国在 20 世纪 70 年代的"大通胀"时期的峰状特征。中国的 GDP_D

与 CPI 通胀过程的最大概率区制数均为 5，在"软着陆"之前通胀惯性甚至存在达到或超过 1 的区制状态，对应的是高通胀的通胀率单位根过程。"软着陆"之后，中国的 GDP_D 通胀惯性一直比较稳定。

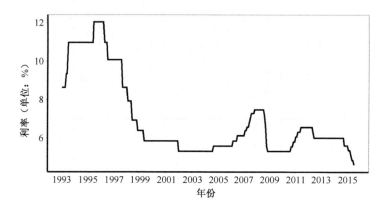

图 4-12　中国人民币贷款基准利率

GDP_D 通胀惯性在 2003 年之后进入高位运行，暗示之后的潜在通胀风险，但在过程中一直保持稳定，直至 2007 年与 2008 年出台连续密集的紧缩货币政策后，GDP_D 通胀惯性在 2008 年年中向下探底，其后又受金融危机期间扩张性货币政策的影响，于 2009 年年末回到了高惯性区制。货币政策在 2010 年再次紧缩，2011 年年末适度放松后，GDP_D 通胀惯性降到稍低的区制水平。从图 4-13 中可以看出，中国的 GDP_D 通胀惯性在稳定了十多年之

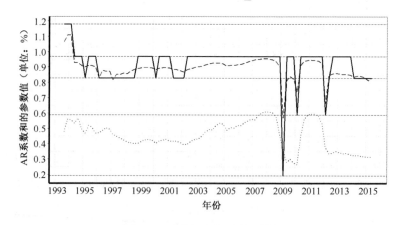

图 4-13　中国 GDP_D 通胀惯性

后，于 2010 年之后开始对货币政策做出相对频繁的响应，由于相对谨慎地使用利率工具，因此中国的通胀惯性在被货币政策短暂影响后，及时恢复了较高的稳定水平。

如果从图 4-14 所示的中国 CPI 通胀惯性来看，即便是 2013 年以来相对密集的货币政策，也没有撼动中国 CPI 通胀惯性的稳定水平。这说明，中国的货币政策主要对生产与投资过程中的通胀惯性产生了影响。为了确认这一判断，本章进一步对中国的商品零售价格指数（RPI）、工业生产者出厂价格指数（PPI）与工业生产者购进价格指数（RPIRM）的通胀惯性进行检验，通过贝叶斯信息准则选取 RPI 滞后 5 阶、PPI 滞后 1 阶、RPIRM 滞后 1 阶的模型进行分析。

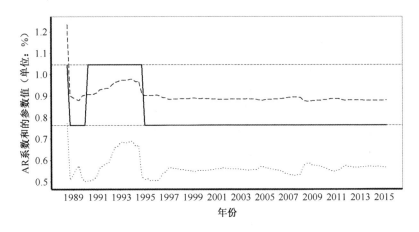

图 4-14　中国 CPI 通胀惯性

图 4-15 中的虚线代表 RPI 通胀惯性，虽然没有与 CPI 估计的结构一样平稳，但是与图 4-16 中虚线代表的 PPI 与点线代表的 RPIRM 通胀惯性度量结果相比，可以确认中国的货币政策主要对生产与投资过程中的通胀惯性产生了影响。由此可见，虽然与美国相比，中国的通胀惯性依然稳固，但是随着中国利率市场化体系的发展、传导效率的提高，Fuhrer（2011）提出的利率工具对通胀惯性的冲击效应初步显现。警示中国在货币政策的实施过程中应慎用价格型政策工具。从图 4-12 中可以看到，自 2014 年以来，中国央行已

较为谨慎地使用利率工具。2015 年，随着经济下行压力持续加大，中国央行两次交错使用了降息和降准的货币政策工具，两次同时执行了降息降准的货币政策，以降低社会融资成本和释放流动性。从图 4-16 中可以看出，GDP_D 与生产和成本环节的 PPI 与 PPIRM 通胀惯性近年来呈现分化趋势。PPI 与 PPIRM 指数的通胀惯性增强，说明其近期的通缩状态将趋于常态化。被投资相关的价格水平占据更大权重的 GDP_D，其通胀惯性的持续低迷，体现了投资增速放缓对经济的不利影响。随着降息降准等货币政策工具持续发挥作用，GDP_D 的下降态势将有所缓和。

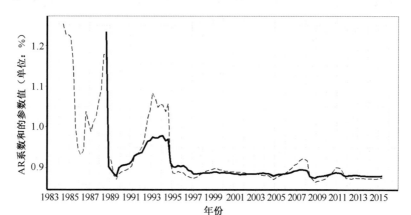

图 4-15　中国 CPI 与 RPI 通胀惯性

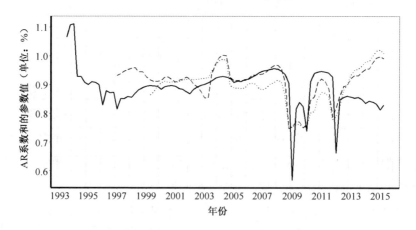

图 4-16　中国 GDP_D、PPI 与 PPIRM 通胀惯性

3. 10 个国家通胀惯性的度量与对比分析

为了进行对比分析,确认通胀惯性的一些共性规律,本章进一步选取了加拿大、英国、法国、德国、意大利、日本、韩国与泰国等国家的 CPI 通胀率数据[①],借助 IMS 模型进行对比分析。图 4-17 给出了包含中美在内的 10 个国家的 CPI 通胀惯性指标的后验中值估计。

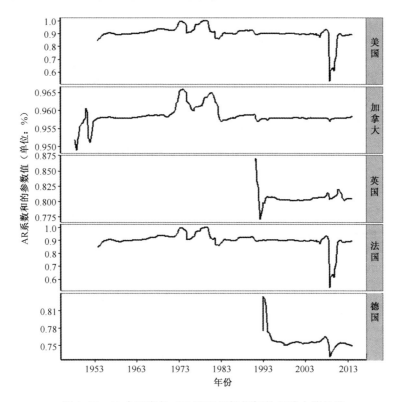

图 4-17　10 个国家的 CPI 通胀惯性指标的后验中值估计

---

① 选取的季度同比数据包括中国 CPI（1987Q1—2014Q2）、美国 CPI（1953Q1—2014Q2）、加拿大 CPI（1945Q1—2014Q2）、英国 CPI（1989Q1—2014Q2）、法国 CPI（1999Q1—2014Q2）、德国 CPI（1992Q1—2014Q2）、意大利 CPI（1997Q1—2014Q2）、日本 CPI（1971Q1—2014Q2）、韩国 CPI（1976Q1—2014Q2）、泰国 CPI（1977Q1—2014Q2）。数据来自中国国家统计局网站、美国联邦储备银行网站与 Wind 数据库。

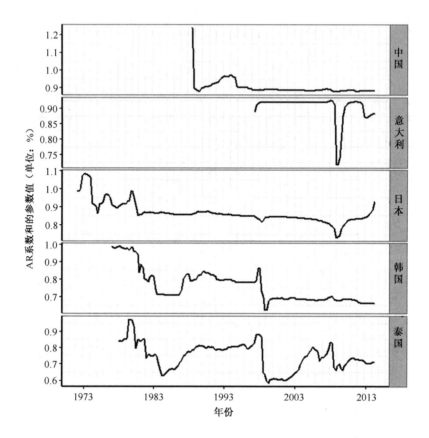

图 4-17　10 个国家的 CPI 通胀惯性指标的后验中值估计（续）

通过对 10 个国家通胀惯性的对比分析可以看到，不同国家的通胀惯性都存在较为稳定的区制状态。在加速通胀时期，各国通胀惯性的形态基本一致，即出现"大通胀"时期的峰状特征。例如，第二次世界大战后加速投资建设时期的加拿大，20 世纪 70 年代的美国、日本、韩国、泰国，20 世纪 90 年代的中国。在这种加速通胀时期，通胀过程的 AR 系数和或最大特征根（LAR）的估计值往往出现达到或超过 1 的情况，即存在单位根过程。在这种 AR 结构驱动的通胀的过程中，通胀惯性在稳定状态偏上的位置震荡，驱动加速通胀过程。在相对稳定的时期，通胀惯性也会出现相对平坦的峰状特征过程，如果不加以重视，放任其发展，存在逐渐演变出高通胀过程的风险，进而被迫进行更大代价的反通胀操作。

各国在经历与应对经济危机的过程中，如 1992 年的欧洲货币危机期间的英国与德国、1997 年亚洲金融危机期间韩国与泰国、2007—2009 年金融危机期间的美国，受危机冲击与本国货币政策的影响，通胀惯性都出现了短暂的急促变化，通胀过程在相对短期内出现结构断点的概率短促拉升，波动的幅度也随之短暂拉升。总之，无论是由内部结构驱动的持续通胀过程，还是受货币政策与环境冲击的短期结构变化，通胀惯性从长期看都会在经济环境稳定后回到稳定状态。其中，韩国的通胀惯性在亚洲金融危机后，稳定在了下降后的水平，而泰国在走出亚洲金融危机后，通胀惯性依然相对缺乏稳定性。

为了对比各国通胀惯性的曲线形态，图 4-17 的纵坐标被设置为根据数据的差异而不同的尺度，如果还原图 4-17 的纵坐标为统一尺度，则 10 国之中大部分国家的通胀惯性的实际变化范围是非常有限的。例如，加拿大的通胀惯性指标的后验中值估计几乎可以看作一条水平直线。由此可见，虽然很多国家都实施了单一目标制与基准利率工具，但是由于各国的经济情况不同，货币政策工具的效率与执行方式也不同，其货币政策的影响与实施效果也不尽相同。

本章对各国通胀惯性在其状态的平稳期进行了简单的均值统计，如表 4-1 所示。相比之下，中国属于通胀惯性较高的国家，但这并不意味着中国的货币政策滞后期一定很长，因为通胀惯性在货币政策的过程中并非固定不变。同时，这也从一个侧面表明中国的宏观经济运行具有一定的稳定性。

表 4-1 各国的通胀惯性比较

国家	AR 系数和	最大特征根	通胀率数据类型	滞后期	最大概率区制数
中国	0.92	0.92	GDP_D	2	5
中国	0.89	0.92	CPI	6	2
美国	0.67	0.81	PCE	3	7
美国	0.89	0.87	CPI	3	5
加拿大	0.96	0.97	CPI	13	1

国家	AR 系数和	最大特征根	通胀率数据类型	滞后期	最大概率区制数
英国	0.79	0.99	CPI	8	1
法国	0.73	0.73	CPI	1	1
德国	0.76	0.74	CPI	3	2
意大利	0.91	0.91	CPI	1	3
日本	0.83	0.83	CPI	4	4
韩国	0.68	0.84	CPI	4	4
泰国	0.71	0.80	CPI	4	5

注：模型的滞后期通过参考相关文献与贝叶斯信息准则确定。

中国目前处于经济转型升级的过程中，且受到国内外多重因素的影响，为保持经济的平稳增长，要求货币政策同时兼顾维护低通胀、促增长、保就业、维护国际收支平衡与维护价格总水平基本稳定等多重目标。在这种环境下，科学的货币政策与合理的政策滞后期，以及综合利用多种提供流动性的工具，有利于保持通胀惯性的长期稳定。这表明坚持实行多目标、多手段与宏观审慎政策相结合的调控模式，对中国经济中长期发展与维护经济环境稳定十分重要。

4.2　通胀惯性与通货紧缩

4.2.1　CPI 与 PPI 的背离

消费价格指数（CPI）与生产者价格指数（PPI）是反映物价水平的主要经济指标，是政府在制定宏观政策的重要参考。截至 2016 年 1 月，我国 PPI 同比数据连续 47 个月下降，通货紧缩似乎已经到来。然而，我国 CPI 同比数据虽然连续 18 个月低于 2%，却并没有出现负增长，而且在 2016 年出现增速回升的趋势。CPI 与 PPI 背离，增加了准确掌握我国通胀率动态与货币政策选择的难度。

凯恩斯主义的经济理论强调政府应该致力于避免任何类型的通货紧缩，并倾向于始终保持正的通胀率。古典经济学不认为价格下降是很严重的问题，而且当代通货紧缩理论更倾向于认为通货紧缩存在好坏之分。Selgin（1997）强调"生产力标准"的重要性，认为由供给侧造成的物价下降，而非货币方造成的货币购买力的变化，对经济是有益的，不应该被货币政策所阻碍。生产力变化引起的价格变化包含着与投入产出价格相关的信息，反向的货币政策无疑将破坏这些价格信息的准确性。源于总需求萎缩的消极通货紧缩与生产率进步派生的良性通货紧缩存在着本质区别。

在改革开放的过程中，我国经济经历了生产率持续增长的过程。1978—2012 年，用实际产出和劳动力总量衡量的广义劳动生产率增长约 12 倍。在这种生产率追赶的时代背景下，分析 2016 年前后价格下降的原因，有理由让众多学者认为，2016 年前后经济出现良性的通货紧缩是十分合理的。同时，我国经济也曾在亚洲金融危机之后的 1997—2002 年经历通货紧缩的过程，其原因在于总供给层面的企业产能过剩和债务问题，以及总需求层面投资、消费和外需的低迷。2008 年金融危机至 2013 年，在全球产能过剩的背景下，我国经济面临外部传导与内部调整等多重因素的影响，结合持续低迷的 CPI 与连续下降的 PPI 指数，有必要采用计量模型来检验我国近期的通胀率动态，分析是否存在结构性变化与区制状态的改变。

本章采用通胀率动态与通胀惯性的 IMS-AR 模型来分析我国通胀率动态，度量 CPI 与 PPI 等价格指标的惯性特征，检验价格指数的动态是否出现了结构性变化。

4.2.2 生产力标准

当生产力下降时，物价应该以上涨作为回应，而当生产力上升时，物价则应该随之下跌，价格指数应该反映实际生产成本的变化。生产力变化引起的价格变化包含着与投入产出价格相关的重要信息，而反向的货币政策会破坏这些价格信号的准确度。因此，应当允许价格水平的变化，以反映商品单位生产成本的变化。Selgin（1997）把这种普遍价格水平根据个体价格变化的原则相应调整的模式称为"生产力标准"。

生产力导致的价格变化不应该被抵消，而货币流速降低造成的价格下降应该通过增加货币供应来抵消。Selgin（1997）认为，在"生产力标准"之下，应该防止与要素生产力进步不一致的通货紧缩，否则经济主体可能会误解为真实需求下降了，导致价格水平普遍下降。

通常被经济学者认为导致通货紧缩的原因有两种，源自经济增长或正向供给冲击的通货紧缩被认为是好的；相反，总需求萎缩带来的通货紧缩被认为是坏的。经济增长可能导致物价下跌。经济增长使商品和服务生产总量增加，而额外生产的商品和服务将导致其货币价格下降。技术创新或劳动分工的发展都可能是经济增长的原因。

2012年以来，我国价格指数持续低迷，通货紧缩风险不断加剧。本章从"生产力标准"的通货紧缩经济学理论出发，结合通胀率动态的时变分析认为，我国价格指数持续走低的原因主要归于生产率的增长。因经济增长而产生的价格降低，有助于向经济主体传递准确的市场信息，有利于消除产能过剩和推进产业结构调整。同时，我国也急需通过货币政策适度扩大总需求，保证供给侧结构性改革目标的顺利实施。价格指标的惯性度量显示，需求端的下游价格保持着长期稳定的惯性结构，居民消费价格水平保持稳定，体现了总需求稳固。供给侧的上游生产价格，在经历了生产率持续增长的过程后产生了结构性的分化，正在调整中恢复稳定。

4.2.3 通胀率动态与价格指标的惯性度量

1. 通胀率模型的构建与数据选取

通过度量价格指数的 ARC 指标，比较 CPI（1987Q1—2015Q4）、CGPI

（1999Q1—2015Q4）、PPI（1996Q4—2015Q4）与 RMPI（1999Q1—2015Q4）等多个价格指标的状态稳定性，考察是否存在价格指标结构突变与区制状态改变的情况。通过贝叶斯法则选取 CPI 滞后 6 阶、CGPI 滞后 4 阶、PPI 滞后 6 阶、PPI-C 滞后 6 阶、PPI-H 滞后 6 阶与 RMPI 滞后 6 阶作为 AR 模型设定。其中，PPI-C 为 PPI 生产资料价格指数的简称，PPI-H 为 PPI 生活资料价格指数的简称。

从统计方法和指标设计的角度上看，RMPI 是反映工业企业作为生产投入而从物资交易市场和能源、原材料生产企业购买原材料、燃料和动力产品时，所支付的价格水平变动趋势和程度的统计指标，是反映工业企业物质消耗成本中的价格变动的统计指标。PPI 是衡量工业企业产品出厂价格变动趋势和变动程度的指数，是反映某一时期生产领域价格变动的统计指标。CGPI 是反映国内企业之间物质商品集中交易过程中的价格变动的统计指标，它的前身是国内批发物价指数（WPI）。CPI 是反映居民家庭一般所购买的消费商品和服务价格水平变动情况的宏观经济指标。准确掌握代表原料购买（RMPI）、工业生产（PPI）、企业批发（CGPI）、居民消费（CPI）从上游到下游过程中的 4 个价格指数之间的关系，对宏观经济研究与制定科学的调控政策，起着至关重要的作用。

2. 价格指标的惯性度量与动态分析

如图 4-18 所示为 CPI 与 CGPI 季度同比数据（每个季度选择最后一个月），通过 IMS-AR 模型计算 ARC 指标，如图 4-19 所示为 CPI 与 CGPI 同比增长率滞后项系数和。从中可以看到，虽然 CGPI 的数据与 CPI 除了近期分化以外都很相似，但是 CPI 与 CGPI 的惯性指标却差别很大。CGPI 的 ARC 指标在 2003 年与 2009 年前后有两次结构性变化。CGPI-ARC 在 2003 年下降到一个稳定的水平，在 2009 年前后发生突变，直至 2012 年开始回升。总体而言，需求侧的价格指标结构相对稳定。

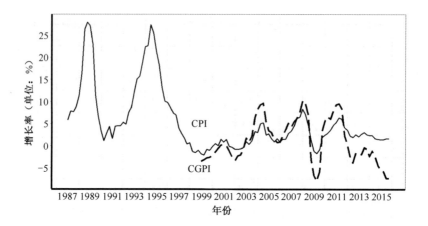

图 4-18　CPI 与 CGPI 季度同比数据

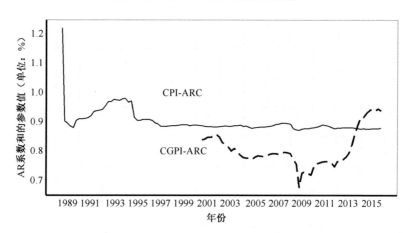

图 4-19　CPI 与 CGPI 同比增长率滞后项系数和

如图 4-20 所示为 PPI 与 RMPI 季度同比数据（每个季度选择最后一个月），通过 IMS 模型计算 ARC 指标。如图 4-21 所示为 PPI 与 RMPI 同比增长率滞后项系数和。从图 4-21 中可以看到，PPI 的 ARC 指标与 RMPI 的较为相近，并且也都在 2003 年与 2009 年前后出现结构变化，ARC 指标是在 2003—2008 年保持了一段稳定之后，受到明显冲击，直到 2012 年以后逐渐回升。对比而言，供给侧的价格指标结构变化更为显著。

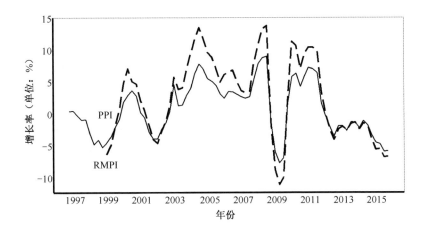

图 4-20　PPI 与 RMPI 季度同比数据

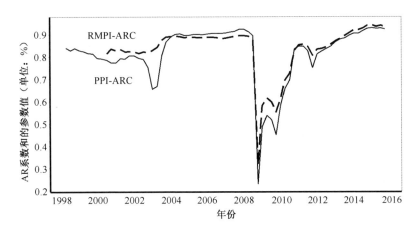

图 4-21　PPI 与 RMPI 同比增长率滞后项系数和

由此可见，在供给和需求两个方面价格指标存在着明显的差异。为深入展开分析，本章从 PPI 的成分指标入手，选取 PPI-C 与 PPI-H 对比分析。如图 4-22 所示为 PPI-C 与 PPI-H 季度同比数据（每个季度选择最后一个月），通过 IMS 模型计算 ARC 指标。如图 4-23 所示为 PPI-C 与 PPI-H 同比增长率滞后项系数和。

PPI-C 代表我国工业生产环节的生产资料价格，2003 年以后进入了一个高速增长期，并且维持着较高的惯性水平，直至 2009 年前后。图 4-23 中的计量结果明确显示 2003 年 PPI-C 的惯性指标短暂调整后进入了一个高于先前的水平，这种高惯性的稳定至 2009 年受到冲击而被打破，突变过程止于 2012 年前后，逐步回升。从图 4-23 中可以看到，虽然同属 PPI 的成分指数，但是 2003—2009 年，PPI-C 与 PPI-H 明显分化，其 ARC 指标动态区别更大。PPI-H 的 ARC 指标与 CPI 相近，2000 年以来一直保持着相对稳定的状态。而 PPI-C 的 ARC 指标与 PPI 相近，经历了 2003 年与 2009 年前后的突变变化，于 2012 年前后逐步回升。

实证分析表明，我国经济在生产率长期持续增长的过程中，生产环节价格增长过快。在此过程中积累的结构性矛盾与产能过剩问题是 2013 年 PPI 持续下降的主要原因。而 PPI 在结构性上的分化、CPI 惯性指标的稳定，也说明真实需求并没有下降，这表明居民消费能力的增长从需求侧起到了拉动经济和稳定价格的作用。根据"生产力标准"的原则，生产力导致的价格变化不应该被抵消，2013 年以来的低通胀与价格下降有助于产业结构调整。同时在"生产力标准"之下，也需要防止与要素生产力进步不一致的通货紧缩，否则经济主体可能会将这种情况误解为真实需求下降了，导致价格水平普遍下降。

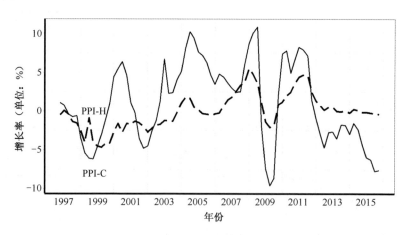

图 4-22　PPI-C 与 PPI-H 季度同比数据

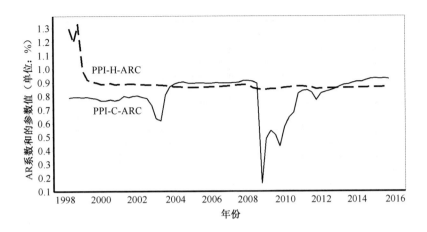

图 4-23　PPI-C 与 PPI-H 同比增长率滞后项系数和

综合上述计量结果可以发现，上游的 RMPI 与 PPI 价格指数的 AR 结构的惯性在 2008 年金融危机之后受到冲击而被打破，直至 2012 年前后重回稳定状态。中游的 CGPI 价格指数的惯性虽然也在 2009 年前后明显下降，但并未如同 RMPI 与 PPI 指标一样失去惯性的水平。下游的 CPI 自 2001 年以来，一直保持着稳固的惯性水平。从供给侧到需求端的这种上下游价格指标动态特征的分化，集中体现在 PPI 成分之中，突出体现在 PPI 的生产资料与生活资料两部分成分指数之间。2008 年金融危机之前，在投资与出口等各种因素的带动下，我国的劳动生产率水平一路高速增长，伴随着工业生产环节中生产资料价格几乎持续 5%以上的同比价格增长。而受消费层面约束的生活资料方面的 PPI-H 价格指标其动态特征与需求端的 CPI 相近，2001 年以来，除 2009 年前后的波动，一直保持着相对稳定的增长。

4.3　本章小结

本章的研究证实货币政策工具在加速实现货币政策效果的同时，也导致了通胀惯性的不稳定，甚至打破了通胀惯性所代表的经济形势的整体稳定性，暴露出单一目标货币政策框架的缺陷。正如包括米什金（2010）在内的学者针对 2007—2009 年金融危机的反思文献中所达成的共识：过度强调通货膨胀目标的达成，可能付出更大的成本。通胀预期在通货膨胀决定与货币政策向宏观经济传导的过程中，起到非常关键的作用。货币政策与金融体系的影响力，可能超过了原本的认识水平，仅通过中介目标实现的货币政策，不能达成所有的目标，必须强调稳定通胀预期与宏观审慎监管的重要性。

本章的实证分析表明：

第一，通胀率过程存在结构不稳定性，包含结构变点，并在高通胀区域内存在单位根过程。

第二，通胀率的动态过程除了受不确定性波动因素的影响，还主要受 AR 过程的结构性变化所驱动，即以 AR 系数之和度量的通胀惯性并非稳定不变，其脱离稳定状态的变化可直接驱动通胀率过程。

第三，虽然通胀惯性存在相对稳定的区制状态，但是在高通胀过程中，通胀惯性会向上震荡，并形成峰状特征，这种特征在不同国家的数据的实证分析中普遍存在，有助于分析通胀风险。

第四，美国 2008 年前的通胀惯性产生了区制变动，与其基准利率政策高度相关，证实了 Fuhrer（2011）通胀惯性模型的有效性，警示利率工具频繁使用的代价。利率工具在加速实现货币政策效果的同时，也导致了通胀惯性的不稳定，甚至在金融危机期间短暂失效，打破了通胀惯性所代表的广泛意义上中长期整体价格的稳定性，暴露出单一目标货币政策框架的缺陷。

第五，我国的通胀惯性也明显对 2013 年以来的利率政策做出了值得关注的响应，显示我国已经初步形成了较为敏感和有效的市场化利率体系与传导机制，在提升我国货币政策效率的同时，也凸显了组合政策工具与完善宏观审慎政策框架的重要性。

第六，合理的政策滞后期，使我国的通胀惯性在被货币政策短暂影响后，可以有足够的时间有效恢复。

第七，2014—2015 年，我国央行多次降准降息等系列货币政策工具的采用，辅以综合利用其他多种提供流动性的工具，可在维持通胀惯性基本稳定的状态下，抵御通货紧缩。

第 5 章

经济增长的稳定性测度与经验分析[①]

---

① 本章部分成果选自陈守东、刘洋发表在《山东大学学报（哲学社会科学版）》（2016 年第 4 期）上的文章。

5.1　经济增长转换阶段的动态趋势

5.1.1　贝叶斯非参数方法测度经济增长稳定性

中国经济过去 30 多年的高速增长过程，有力地推进了工业化进程，并促使中国迅速崛起为世界贸易大国。2012 年，我国人均国内生产总值（GDP）超过 6000 美元，已经进入中等收入偏上国家的行列。同时，也是从 2012 年开始，我国劳动年龄段人口开始减少，要素市场的改变也正在驱动中国经济向新的增长模式转换。另外，在 2008 年国际金融危机之后，随着发达经济体的经济增速放缓，国际经济环境越来越不利于传统的经济增长模式。

日本和韩国虽然都成功进入了高收入国家的行列，但是其经济都因新旧增长动力不能接续而受到影响，日本经济甚至陷入了长期衰退和通缩的困境。张乃丽（2015）认为，日本经济陷入长期低迷的根本原因是高科技平台上的"新供给"缺失，即创新供给不足。相比之下，20 世纪 80 年代中期以来，美国经济在人均 GDP 跨过 10000 美元之后，出现了"大缓和"（Great Moderation）时期，产出和通胀的波动幅度明显下降，经济发展表现为高产出与低通胀的特点。一般认为，经济体在低附加值产业上逐渐失去竞争力，而又难以成功地向高附加值产业转型时，其将陷入经济增长的困境。对于已经进入中等收入偏上国家行列的中国而言，作为经济发展不平衡的大国，中国经济的韧性好、潜力足、回旋空间大，现有的增长动力依然可以为经济增长提供巨大的潜在发展空间。然而，也有学者认为，中国经济所取得的高速增长与日本、韩国的"东亚模式"具有相似之处，也可能重蹈覆辙。可见，有必要将中国经济与拥有一定经济规模水平及相似性的日本、韩国，以及成功实现创新驱动经济增长模式的美国进行对比，通过经验分析为当前中国经济转型与发展过程提供参考。

实证分析各国在经济增长转换阶段的时变特征，需要借助有效的计量分析方法来完成。秦朵（2012）在全面总结与反思计量经济学发展史，以及研究经济周期问题的计量模型与方法时强调，为避免时序中可能存在非平稳趋势，而对原始数据所做的差分操作等额外处理过程，是使很多现有计量分析模型损失掉数据中重要信息的主要原因。以经济增长率、价格指数增长率等为代表的经济变量，通常会用于自回归过程研究。

然而，实际的经济数据往往具有非平稳性或潜在结构不稳定性，经常需要经过趋势分解或差分操作等额外处理后，再作为平稳的自回归过程进行分析。然而，各国经济的 GDP 增长率、居民消费者价格指数（CPI）或其他通胀率指数在实证中被大量检验出具有非平稳性，即便经过趋势分解或差分操作，其平稳性也不是绝对的，往往会由于时间段的选择不同而得出不尽相同的结论。况且这些额外的数据处理过程，显然已经使原始数据中的信息受到了损失。

在无限状态 Markov 过程的假设下，应用无限状态 Markov 区制时变自回归模型（以下简称 RTV-AR 模型），以分层 Dirichlet 随机过程的假设为基础，以随机模拟的方式适应非平稳数据的时变自回归结构，设计混合分层结构的 Gibbs 抽样算法以给出该模型的非参数贝叶斯方法实现。该模型可兼容具有非平稳性、结构不稳定性的经济数据，能够更充分地挖掘出隐含在其原始非平稳数据中的信息。为经济数据建立 RTV-AR 模型，是实现对其局部 AR 结构的动态过程进行后验推断的方法。

第一，以 RTV-AR 模型滞后项系数之和（以下简称 ARC 指标）的后验中位数估计值来度量保持经济增长稳定状态的驱动力和惯性水平。ARC 指标在数值上的变动预示着经济增长率的动态变化趋势。

第二，以 RTV-AR 模型自回归过程截距项的时变特征来反映经济增长率在均值水平上的状态和动态趋势。

第三，以 RTV-AR 模型自回归过程随机扰动项的方差来度量经济增长率的波动特征，以反映经济增长率过程抵御外部冲击的能力。

第四，在 Markov 区制时变状态下，用区制结构的断点概率来反映经济增长率过程的结构突变性特征。

第五，以 RTV-AR 模型自回归过程在区制时变过程中最大特征根的后验分位数，检验经济增长率数据的局部单位根过程，以考察经济增长率的局部平稳性。

通过 RTV-AR 模型对中国、美国、日本、韩国 4 国的经济增长率数据进行计量分析，检验中国经济增长率在转换阶段的动态趋势，分析美国、日本、韩国 3 国在步入高收入国家行列前后和寻求经济增长模式转换过程中的动态特征，总结其经验教训，为中国经济保持快速增长与实现增长模式转换提供参考。

5.1.2　Markov 区制时变的测度模型

Hamilton（1989）提议用 Markov 过程来描述经济增长率过程，将自回归模型扩展为两种状态的 Markov 区制转移过程，用不同的区制状态刻画经济处于"繁荣"或"衰退"的状态，并认为经济增长率过程是在两种状态之间不断转换的 Markov 过程。在 Kim 和 Nelson（1999）的贝叶斯方法中，AR 过程的截距项、滞后项系数与随机扰动项的方差都被假设为随机变量，通过这些随机变量的随机分布的共轭分布族，借助 Gibbs 抽样算法，通过 MCMC 模拟过程计算后验估计值。这种判断经济增长率所处状态的方式，显然无法从时变分析的角度考察经济增长率的动态趋势。Jochmann（2015）以 Fox 等（2011）的 Sticky HDP-HMM 分层 Dirichlet 过程为基础，为美国通胀率动态过程建立区制断点模型，通过动态 AR 过程的滞后项系数之和为度量经济数据的动态趋势提供了一种时变分析框架。本书也以 Sticky HDP-HMM 为基础，在无限状态 Markov 过程的假设下，为经济增长率过程建立区制时变模型，通过混合分层结构的 Gibbs 算法将 Kim 和 Nelson（1999）的贝叶斯 Markov 区制转移自回归模型升级为无限状态 Markov 区制时变自回归模型，即 RTV-AR 模型。

作为一种时变参数模型，RTV-AR 模型的参数遵循无限状态 Markov 过程的假设，在式（5-1）描述的 Markov 区制转移自回归模型的基础上，以式（5-2）所示的 Sticky HDP-HMM 过程驱动无限状态下的状态变量 S_t，形成区制时变自回归模型。在式（5-1）中，gdp_t 代表经济增长率数据，模型中的截距项、滞后项系数与随机扰动项的方差是遵循区制时变过程的参数，其基于分层共轭分布族，由 MCMC 模拟过程得到的后验无偏中位数来估计，最终得到式（5-3）所示的区制时变模型的后验结果形式。

$$\text{gdp}_t = \beta_{0,S_t} + \sum_{i=1}^{m} \beta_{i,S_t} \text{gdp}_{t-i} + \varepsilon_t, \ \varepsilon_t \sim N(0, \sigma_{s_t}^2) \tag{5-1}$$

$$S_t \mid \beta_{0,j}, \beta_{1,j}, \cdots, \beta_{m,j}, \ \sigma_j^2 \sim \text{Skicky HDP-HMM} \tag{5-2}$$

$$\text{gdp}_t = \beta_{0,t}^{\text{RTV}} + \sum_{i=1}^{m} \beta_{i,t}^{\text{RTV}} \text{gdp}_{t-i} + \varepsilon_t, \ \varepsilon_t \sim N(0, \sigma_t^{2 \times \text{RTV}}) \tag{5-3}$$

RTV-AR 模型通过 MCMC 模拟过程，由后验分布产生的不限数量、不同区制状态下的 AR 结构对数据进行充分拟合，得到滞后项系数之和的后验无偏中位数的估计值，即式（5.4）所示的 ARC 指标，用于分析其经济增长率过程的趋势动态。另外，以区制时变 AR 模型截距项 β_{0,S_t} 的区制时变估计值 $\beta_{0,t}^{\text{RTV}}$ 的时变特征来反映经济指标在均值水平上的变动；以区制状态 S_t 的变化计算结构断点概率来反映经济指标的突变特征；以随机扰动项的方差 σ_t^2 的时变特征来反映外部因素的冲击效果；综合实现区制时变的测度模型。

$$\text{ARC}_t = \sum_{i=1}^{m} \beta_{i,t}^{\text{RTV}} \tag{5-4}$$

5.1.3　经济增长率过程的动态分析与对比

本书选取数据包括：如图 5-1（a）中虚线所示的中国 1992 年第一季度至 2014 年第三季度的 GDP 同比增长率数据，如图 5-1（b）中虚线所示的美国 1953 年第一季度至 2014 年第三季度的 GDP 同比增长率数据，如图 5-1（c）中虚线所示的日本 1956 年第四季度至 2014 年第三季度的 GDP 同比增长率数据，如图 5-1（d）中虚线所示的韩国 1971 年第一季度至 2014 年第三季度的 GDP 同比增长率数据；本书采用的实证分析工具为 RTV-AR 模型。结合 EViews7 软件的自相关性检验与贝叶斯信息准则，为中国数据的自回归过程选取滞后 2 阶进行分析，为美国数据的自回归过程选取滞后 2 阶进行分析，为日本数据的自回归过程选取滞后 4 阶进行分析，为韩国数据的自回归过程选取滞后 3 阶进行分析。对中国、美国、日本、韩国 4 国的经济增长率过程的动态特征进行对比，重点研究其经济增长转换阶段的时变特征。

1. 经济增长率的趋势动态与惯性分析

通过 RTV-AR 模型得到中国、美国、日本、韩国 4 国 GDP 增长率 AR 过程的滞后项系数之和的后验估计值，即 ARC 指标，如图 5-1 中实线所示。由图 5-1 的计量结果可以看出：第一，在中国经济 1996 年实现"软着陆"之前，ARC 指标从不稳定的 0.9 以上，调整到 0.85 左右的稳定状态，实现了经济的平稳、快速发展。第二，1996 年至今，中国 GDP 增长率 AR 过程的 ARC 指标总体平稳，几乎一直保持在 0.8 以上，这说明 GDP 增长率 AR 过程的惯性较大，即维持增长的能力较强。第三，中国经济的 ARC 指标在 2007 年之前具有稳定且缓慢向上的趋势，显示出经济增长的加速趋势，这种趋势止于美国金融危机爆发的 2008 年。第四，2008 年以后，特别是 2010 年应对金融危机的量化宽松货币政策转为稳健的货币政策之后，中国经济的 ARC 指标稳定在较 2008 年之前稍低的状态至今，这说明中国 GDP 增长率过程进入了一个新的稳定状态，并将在近期继续保持稳定，没有下行趋势。

总体而言，通过对中国 GDP 增长率的 ARC 指标的分析可以看出，虽然近期中国 GDP 增长率较之前有较为明显的下降，但是从可以反映中长期动态趋势的 ARC 指标的稳定性上可以看出，自 2010 年中国人均 GDP 进入中等收入国家行列之后，中国经济已经转换到了一个新的稳定状态上。

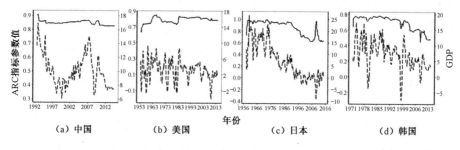

图 5-1　中国、美国、日本、韩国 4 国 GDP 增长率 ARC 指标

从如图 5-1 所示的美国 GDP 增长率的 ARC 指标的计量结果可以看出，美国经济在第二次世界大战后投资的扩展过程中快速发展，ARC 指标在 1960 年之前突增，但状态非常不稳定，在 1960—1980 年美国人均 GDP 从 3000 美元增长到 10000 美元的过程中，其 ARC 指标持续下滑，说明旧的经济增长方式难以为继。直到 20 世纪 80 年代中期，美国经济出现了"大缓和"（Great Moderation）。美国经济增长的持续性主要依赖创新推动，以信息互联网技术为核心的"新经济"的崛起，提高了劳动生产率，技术的不断进步推动美国经济继续向前发展，使美国经济的产出增长和物价得以稳定。即便在 2008 年美国金融危机爆发之后，其 ARC 指标依然稳固，这说明美国经济增长的驱动力稳固，抵御冲击因素的能力较强。

相比之下，以出口导向来驱动经济增长的日本，逐渐失去了相对于世界水平的技术优势，贸易形势日益严峻（孙亚轩，2013）。日本 GDP 增长率在人均 GDP 实现从 3000 美元到 10000 美元的转变过程中，即 1972—1984 年日本 GDP 增长率虽然持续下降，但是其 ARC 指标并未有大的变动，这说明在此期间日本经济的增长方式依然稳定。直到 1990 年日本泡沫经济崩溃之后，其 ARC 指标开始了快速的下降过程，这说明日本经济在新的生产方式无法形成的同时，旧的经济增长方式日益失去了驱动经济上涨的动力。即便制造业回流等因素促使日本经济在 2007 年以前短暂复苏，但其 ARC 指标在短暂恢复后又在 2008 年的金融危机冲击下完全回到了复苏前的状态。这说明在新的经济增长驱动力无法形成的情况下，即便可以短暂维系旧的经济增长方式，也会因无法应对外部冲击因素的影响而难以持续。

与日本经济具有相似之处，韩国经济在 1987—1995 年实现人均 GDP 从 3000 美元到 10000 美元的跨越之后，其 ARC 指标开始了持续下降的过程，并延续至今。但与日本情况不同，韩国经济没有像日本一样陷入几乎长期的负增长过程，而是保持正增长过程。这可能与韩国早在 1993 年就开始实施的推进产业结构调整与金融改革的措施有关。特别是在 1992 年韩国与中国建交之后，中韩贸易进入了高速增长阶段，中韩进出口贸易总额在 2014 年几乎赶超了中日进出口贸易总额。从韩国的 ARC 指标也可以看出，与日本几乎直线下滑的 ARC 指标不同，韩国的 ARC 指标在下降过程中存在多个短期的稳定阶段，更像是在向下寻找一个新的稳定状态，却被不断出现的包括 1997 年东南亚金融危机与 2008 年金融危机在内的冲击影响所打断。

综合中国、美国、日本、韩国 4 国 GDP 增长率 ARC 指标的分析结果可以发现，如果未能及时地转换经济增长方式，通过现有以投资与出口为主的经济增长驱动力跻身高收入国家，将难以实现经济的"行稳致远"；在更高的收入水平下转换经济增长方式将遇到更大的困难，付出更高的代价。

2. 经济增长率的均值水平与固定成分分析

RTV-AR 模型得到的 GDP 增长率 AR 过程截距项的后验估计值，可以反映经济增长率的均值水平与固定成分方面的变化，中国、美国、日本、韩国 4 国 GDP 增长率 AR 过程截距项指标如图 5-2 所示。从图 5-2 的分析结果中可以得出如下结论。

第一，中国 GDP 增长率 AR 过程截距项相对稳定，其变化十分有限。这说明中国 GDP 增长率在均值水平方面较为稳定，投资、出口与消费所贡献的增长率总体水平保持稳定，其动态变化主要来自 AR 结构的调整、冲击因素的影响。

第二，与美国、日本相比，中国 GDP 增长率 AR 过程截距项偏高，说明经济增长驱动效应的固定成分多于美国、日本，一旦这部分固定成分受到冲击，经济增长的不确定性将发生变化。

第三，从美国 GDP 增长率 AR 过程截距项的动态变化可以发现，自 20 世纪 80 年代中期以来，美国经济进入"大缓和"阶段，其截距项相应下降到了一个相对更低的稳定水平，即其经济增长转入更具有长期持续性的增长方式，也意味着具有相对较低的增长率均值水平。相比之下，日本、韩国 GDP 增长率 AR 过程截距项在步入高收入国家行列之后，都保持总体上持续下降的趋势。

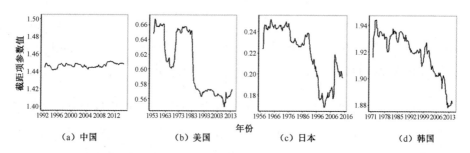

图 5-2　中国、美国、日本、韩国 4 国 GDP 增长率 AR 过程截距项指标

3. 经济增长率的波动性特征

RTV-AR 模型得到的 GDP 增长率 AR 过程随机扰动项的方差的后验估计值，可以反映经济增长率的波动性特征。中国、美国、日本、韩国 4 国 GDP 增长率 AR 过程随机扰动项的方差如图 5-3 所示。从如图 5-3 所示的随机扰

动项的方差上可以看出：2009 年以前，中国经济虽然保持了长期的高速增长过程，但经济增长的波动性也较高，相比之下更易受到冲击因素的影响；2010年之后，中国经济增长过程的波动性显著降低到了一个新的水平，经济增长的增速在适度放缓的同时，经济运行的稳定性增强了。

由美国 GDP 增长率 AR 过程随机扰动项的方差可以看出，进入 20 世纪80 年代中期之后，美国经济波动也显著降低到了一个较低的水平，比中国目前的经济波动性水平更低。通过观察日本、韩国 GDP 增长率 AR 过程随机扰动项的方差可以发现，虽然其在经济发展放缓后减小，但是在受到金融危机的冲击影响时，仍然会出现局部突增的波动性特征。相比之下，中国经济增长抵御外部冲击的能力要强于日本、韩国。

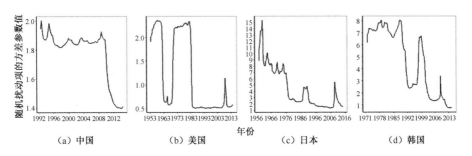

图 5-3　中国、美国、日本、韩国 4 国 GDP 增长率 AR 过程随机扰动项的方差

4. 经济增长率区制状态的结构性断点检验

RTV-AR 模型得到的 GDP 增长率 AR 过程的区制状态的结构断点概率，可以反映经济增长过程的突变性特征。中国、美国、日本、韩国 4 国 GDP 增长率的区制状态的结构断点概率如图 5-4 所示。中国经济增长过程中相对较大的结构断点概率，出现在开启实施经济"软着陆"政策的 1993 年与 2010年。美国经济增长过程中相对较大的结构断点概率，出现在投资扩张阶段的20 世纪 60 年代、进入"大缓和"阶段的 20 世纪 80 年代中期及爆发金融危机的 2008 年前后。日本与韩国经济增长过程中的结构断点概率相对较高，最高的结构断点概率出现在 2008 年金融危机爆发之后。

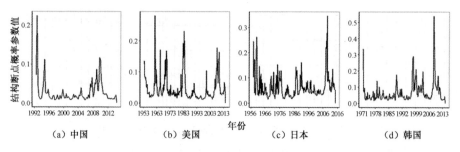

图 5-4　中国、美国、日本、韩国 4 国 GDP 增长率的区制状态的结构断点概率

5. 局部单位根过程检验与经济增长方式的可持续性分析

RTV-AR 模型实现了对非平稳数据自回归结构的时变过程度量，在兼容非平稳数据的同时，也通过局部 AR 过程的最大特征根来检验经济时间序列数据存在局部单位根过程的可能性。中国、美国、日本、韩国 4 国 GDP 增长率的最大特征根 10%、50% 与 90%分位数后验估计值如图 5-5 所示。中国 GDP 增长率的局部 AR 过程，在 1996 年经济实现"软着陆"之前的投资扩张阶段及 2009 年宽松货币政策释放投资效应时期，存在局部单位根过程的概率较高，其最大特征根 90%分位数后验估计值显著超过 1，相当于在 10% 的显著性水平下无法拒绝局部单位根过程的可能性。2010 年以后，最大特征根 90%分位数后验估计值小于 1，相当于在 10%的显著性水平下有完全可以拒绝局部单位根过程的可能性。这说明 AR 过程趋于平稳，可长期持续。

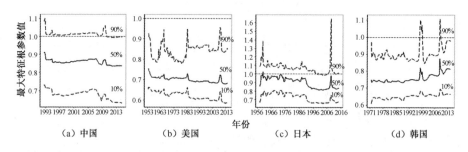

图 5-5　中国、美国、日本、韩国 4 国 GDP 增长率的最大特征根指标

美国 GDP 增长率的局部 AR 过程的最大特征根 90%分位数后验估计值长期小于 1，说明其 GDP 增长率的局部 AR 过程平稳、可持续。相比之下，

日本经济在 20 世纪 90 年代之前，最大特征根 90%分位数后验估计值长期显著高于 1，说明其存在局部单位根过程的概率很高，其局部 AR 过程不可持续。韩国经济在 1997 年东南亚金融危机之后，最大特征根具有向上的趋势；2008 年金融危机期间最大特征根 90%分位数后验估计值曾超过 1，即存在局部单位根过程的风险日益增高。

综合上述，以投资扩张和要素投入驱动的高速经济增长方式无法长期持续；过度依赖出口的经济增长方式稳定性差，易受冲击因素的影响。中国经济目前处于现有增长方式的驱动力依然强劲，新的增长方式正在发展的转型阶段，以他国经验为鉴，把握当前的发展机遇，主动适应经济发展的新常态，适时完成经济增长方式转变是当务之急。

经济增长率过程的计量分析表明，日本经济的发展历程与经验教训对中国有重要的借鉴意义，进一步对中日经济增长与通胀动态进行经验分析和对比，可以获得更多启示。

5.2　中日经济增长与通胀动态的经验分析与对比

日本经济在 20 世纪 80 年代前，曾经实现过令世界瞩目的高速增长。这与近 20 多年来我国经济的高速增长时期有些相似，日本经济也曾经在近 20 年的时间里，实现其实际 GDP 增长率高达 9%以上的经济发展成就。世界银行的研究报告将日本与新加坡、韩国等国家同时期的经济快速增长现象称为"东亚奇迹"[①]。东南亚经济危机过后，有学者进一步反思"东亚模式"的经验，建议中国不要简单模仿"东亚模式"而重蹈覆辙，应该通过全面参与 WTO 并充分融入全球经济体系，走符合自身实际情况，又与国际经济体系原

---

① World Bank. The East Asian Miracle: Economic Growth and Public Policy[M]. New York: Oxford University Press, 1993.

则相一致的发展道路（斯蒂格利茨和尤素福，2013）。

日本经济完成高速增长后，陷入了长期的通缩困境与经济负增长。因此，有必要检验日本经济的增长过程，并对比分析中国经济的增长过程，以检验中国经济是否也存在类似的经济衰退与通缩的风险。本书采用 RTV-AR 模型，对日本经济增长率和通胀率的动态特征进行时变分析，对日本货币政策未能使其经济摆脱通缩困境的现象进行分析，并对比分析中国经济的增长与通胀过程，以总结日本经验对中国的启示。

5.2.1 日本经济增长与通胀过程的计量分析

1. 日本经济增长率的计量分析

从数据的角度分析，伴随着泡沫经济的破灭，日本经济在 20 世纪 90 年代初陷入长期衰退过程。如图 5-6 所示，日本 GDP 季度同比增长率在东南亚经济危机之后，甚至经常处于负增长水平。日本居民消费价格指数（CPI）季度同比增长率如图 5-7 所示，大部分时段低至接近 0 的水平，甚至出现过负增长。日本央行在各个阶段实施的旨在刺激经济的货币政策将贷款利率降低到接近"零利率"的水平，如图 5-8 所示。日本主要银行长期贷款利率

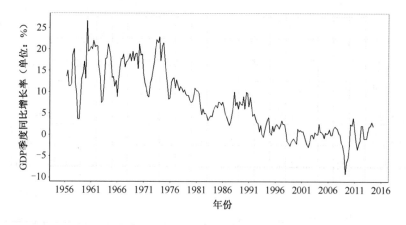

图 5-6   日本 GDP 季度同比增长率

自 20 世纪 90 年代后期大幅下降，不仅无法使日本经济摆脱通缩困境，其失业率却自 20 世纪 90 年代后期上升至 3.5%以上（见图 5-9）。

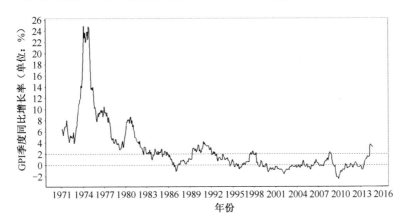

图 5-7　日本居民 CPI 季度同比增长率

图 5-8　日本主要银行长期贷款利率数据

本书基于 RTV-AR 模型，对日本的 GDP 增长率与通胀率进行计量分析，通过无限状态 Markov 区制时变自回归模型对日本 1956 年第一季度至 2014 年第三季度的 GDP 增长率进行分析，最终得到如图 5-10 所示的日本 GDP 增长率过程的 AR 系数之和的后验中值估计值。可以发现，在日本经济高速增长阶段，其 GDP 增长率过程的 AR 系数之和在接近 1 的水平上下波动，甚至在高速增长阶段存在 AR 系数之和超过 1 的单位根过程，这预示着这种高速增长模式存在不可持续性。

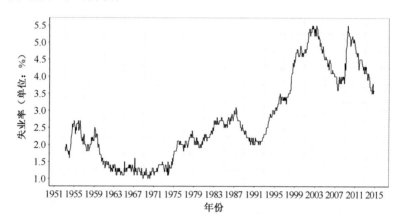

图 5-9　日本失业率数据

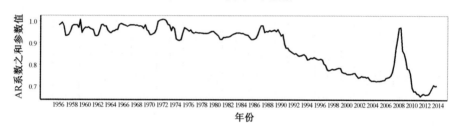

图 5-10　日本 GDP 增长率过程的 AR 系数之和的后验中值估计值

　　1975 年之后，日本 GDP 增长率过程的 AR 系数之和呈现下降趋势，虽然其在 20 世纪 80 年代末日本泡沫经济时期有所反复，但是在泡沫经济破灭后的 20 世纪 90 年代之后，其呈现加速下降趋势。这种下降趋势在 2002 年之后日本经济形势短期好转的情况下，出现过一次逆转，但是逆转的效果在 2008 年美国金融危机爆发前后完全快速丧失掉。直到 2012 年日本安倍政府持续推出不断加码的量化宽松货币政策后，该下降趋势才有所缓和。

　　从如图 5-11 所示的日本 GDP 增长率过程区制结构断点概率可以看到，最大的区制结构断点概率不超过 30%，并且出现在 2008 年美国金融危机爆发之后，可见日本经济趋向低迷的过程是一个长期渐进的过程。除了 2008 年前的经济向好势头被美国金融危机所打破而体现出的区制结构断点，其余时段并不存在明显的突变过程。另外，从图 5-12 所示的日本 GDP 增长率过程随机扰动项的方差的后验估计值可以看出，1976 年之后日本经济增长放缓，随机扰动项的方差也显著减小，波动效应显著降低；只有在 20 世纪 80 年代末的日本泡沫经济时期和 2008 年美国金融危机前后的短期突变过程中，波动效应有所显现。

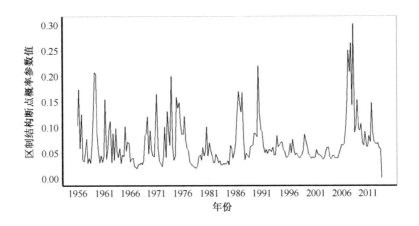

图 5-11　日本 GDP 增长率过程区制结构断点概率

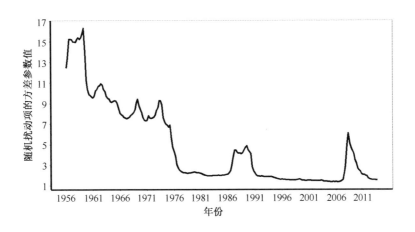

图 5-12　日本 GDP 增长率过程随机扰动项的方差

2. 日本通胀过程的计量分析

日本经济增速放缓，甚至负增长过程长期伴随着日本经济通货收缩的过程。本书同样采用无限状态 Markov 区制时变自回归模型，考察 1971 年第一季度至 2014 年第三季度日本通胀率 AR 结构区制时变过程中的 AR 系数之和，即通胀惯性指标的动态变化过程，对其长期以来的通胀率动态与近期的货币政策效果进行分析。模型中通胀率过程的滞后阶数基于贝叶斯信息准则选取为滞后 2 阶。从如图 5-13 所示的通胀率过程的 AR 系数之和可以看到，自 20 世纪 80 年代以来，日本的通胀率过程的 AR 系数之和一直处于 0.85 以上，稳定且鲜有波动；而在此之前的经济高速增长阶段，通胀率过程的 AR 系数之和在接近 1 的水平上相对剧烈波动，并且在局部存在超过 1 的单位根过程，表示这种状态的不可持续性。通胀率过程的 AR 系数之和可以度量通胀惯性，结合如图 5-6 所示的 GDP 增长率季度同比数据可以看出，在 20 世纪 80 年代末、1998 年亚洲金融危机前、2008 年美国金融危机前这 3 个日本经济短期向好阶段，日本的通胀惯性都有短期向上的趋势，但是幅度依次降低，其通胀过程的通缩状态也变得更加稳固。2011 年至 2014 年在持续的量化宽松货币政策刺激下，日本的通胀惯性产生了一次向上的短暂冲击，但是在短暂冲击影响过后，又恢复了之前的稳定状态。由此可见，日本的量化宽松货币政策的影响效果不可持续。

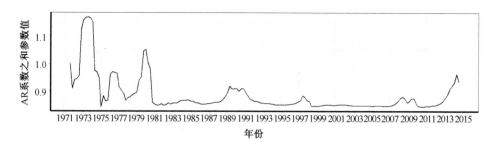

图 5-13　日本通胀率过程的 AR 系数之和

如图 5-14 所示为日本通胀率过程的区制结构断点概率，即各个时点前后

可能出现 AR 结构的区制状态变化的概率。从该数据中可以发现，进入 20 世
纪 80 年代之后，日本通胀过程出现区制结构断点的概率超过了 50%。结合
如图 5-15 所示也可以发现，20 世纪 80 年代之后随机扰动项的方差也趋于低
水平的状态。随后，虽然在 20 世纪 80 年代末、1998 年亚洲金融危机前、
2008 年美国金融危机前后、2013 年后日本安倍政府持续推出量化宽松货币
政策这 4 个阶段，日本通胀过程因受到冲击影响而产生了短期波动反应，但
日本通胀过程一直保持在高度稳定的区制状态上。

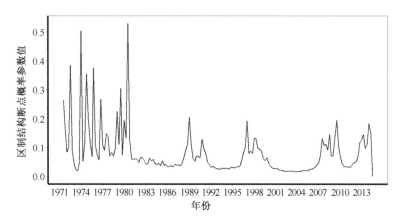

图 5-14　日本通胀率过程的区制结构断点概率

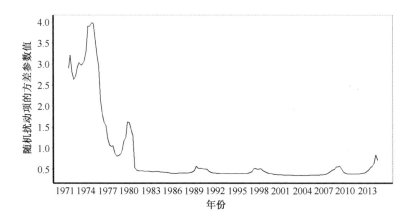

图 5-15　日本通胀率过程的随机扰动项的方差

从计量分析的结果可以发现，日本的通胀惯性在 20 世纪 90 年代之后变得更加稳定，除对短期冲击因素做出短暂反应之外，通胀惯性十分稳固。日本的通胀过程长期保持通缩状态，日本安倍政府于 2012 年以后持续加码的量化宽松货币政策，对日本的通胀过程产生了一定的冲击，但从当前已经掉头向下的计量结果来看，其影响已经乏力，很难激活日本经济走出通缩困境。进一步对日本货币政策的理论基础与执行效果进行计量分析，将有助于揭示日本经济陷入衰退和通缩困境的根本原因，以期对中国经济有所启示。

5.2.2 日本货币政策的理论基础与执行效果的计量分析

1. 日本货币政策的理论基础

从菲利普斯曲线理论的角度分析，无论是旨在抑制通胀的紧缩性货币政策，还是旨在刺激经济摆脱通缩的扩张性货币政策，在短期菲利普斯曲线过程中能发挥有效性的关键是克服通胀惯性、改变通胀预期。当采取刺激性货币政策时，经济沿着短期菲利普斯曲线向上移动，通胀率将会升高，失业率会随之降低，在菲利普斯曲线完成短期向长期的转变过程之前，货币政策体现出非中性特征。直到经济环境中的通胀预期也随之上升，短期菲利普斯曲线向右移动，失业率会重新回升至货币政策执行过程之前的水平，而通胀率也将保持在货币政策调控后的水平，货币政策将恢复中性特征。

由此可见，在采取扩张性货币政策过程中，存在两个关键的环节：一是刺激性货币政策执行效果的显现过程，这依赖货币政策传导机制的有效性；二是经济环境内信息更新的敏感性与改变通胀预期的过程。第二个环节又依赖两个方面的因素：其一是需要通过实际经济过程实现对实际经济情况的改变，如工资水平与家庭收入的提高；其二是不需要经过实际经济过程，直接由货币当局或政府向公众传递信息，以向社会与经济环境释放信号，或者通过政策本身被公众解读和信服的过程，促使公众与投资者改变通胀预期。

从短期菲利普斯曲线的角度分析，2010 年以来，日本政府与日本央行在实施了一系列刺激性货币政策之后，日本主要银行长期贷款利率进一步降低（见图 5-8），通胀率有所拉升（见图 5-7），失业率有所降低（见图 5-9）。然而从如图 5-10 所示计量结果可以发现，持续的量化宽松货币政策，虽然对通胀惯性产生了短期的冲击影响，产生了如图 5-11 所示的较高的区制结构断点概率下的结构突变，但克服通胀惯性的效果依然难以持续发挥作用，无法彻底改变通胀预期。

2. 日本货币政策对消费的刺激作用

根据前述从菲利普斯曲线理论的角度进行的分析，日本的量化宽松货币政策若能助力日本经济走出通缩，必须通过货币传导机制对经济产生冲击效果，通过对经济环境的改变或通过对通胀预期的直接影响来克服通胀惯性，激活通胀率过程。从通胀惯性的计量分析结果可以看出，日本的量化宽松货币政策对通胀确实产生了冲击，短期内刺激了内需和消费，但是效果有限，虽然 CPI 通胀率过程受到了冲击影响，但是其没有发生实质性的区制变化。从如图 5-16 所示的 2001 年 1 月至今的日本家庭名义收入与家庭实际收入走势中可以看到，虽然日本在 2010 年实施量化宽松货币政策之后，以虚线代表的家庭名义收入出现过明显上涨，但是持续性不强，甚至在近期转为负增长；

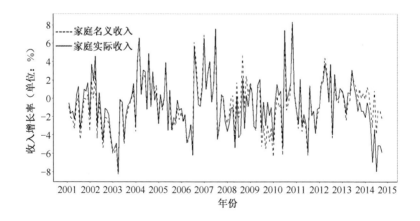

图 5-16　日本家庭收入数据

而受量化宽松货币政策所导致的汇率与利率因素的影响,以实线代表的家庭实际收入在近期明显低于家庭名义收入。货币政策增收效应乏力,自然也影响了如图 5-17 所示日本家庭消费支出改善效果的持续性。日本家庭名义消费支出与家族实际消费支出在 2010 年以来实施量化宽松货币政策的效果逐渐乏力的影响下快速下降。因此,无法持续改善的消费数据与前述通胀惯性的计量结果的现象相一致。

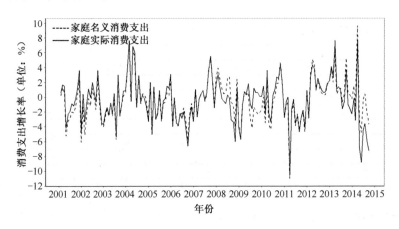

图 5-17　日本家庭消费支出数据

3. 日本货币政策与需求拉动型通胀效应

日本量化宽松货币政策对内需的影响,也可以从日本国内需求拉动效应的角度进行计量分析。通过 CPI 与 PPI 之间的价格传导关系,可以检验经济环境中存在的成本推动型通胀与内需拉动型通胀现象。如果 PPI 滞后数据对 CPI 具有因果影响效应,则代表经济环境中存在成本推动型通胀过程;反之,CPI 滞后数据对 PPI 具有因果影响效应,则代表经济环境中存在需求拉动型通胀过程。本部分将基于 RTV-VAR 模型,对 CPI 与 PPI 之间价格传导关系的区制时变进行分析,以检验不同时期 CPI 与 PPI 之间影响关系的动态变化情况。

通过 RTV-VAR 模型,对 1971 年第一季度至 2014 年第三季度的日本 CPI

与 PPI 之间的影响关系利用非参数贝叶斯方法进行计量分析，得到如图 5-18
所示的日本 PPI 对 CPI 的影响系数的变化情况，以及如图 5-19 所示的日本
CPI 对 PPI 的影响系数的变化情况。从图 5-18 中可以看到，日本 PPI 对 CPI
的影响一直正向存在，只是进入 20 世纪 80 年代之后，这种成本推动型通胀
效应大幅减弱，这显然与 20 世纪 80 年代之后日本与中国的进口贸易快速增
长有关。进口商品的价格降低了日本国内生产价格对居民消费品价格的影响。
从图 5-19 中可以看到，日本 CPI 对 PPI 的影响在 20 世纪 80 年代之后（除了
2008 年美国金融危机前的阶段，即日本经济出现向好趋势的时期，曾经短暂
为正外），几乎没有出现过大于 0 的正向影响关系。2011 年至 2014 年，日本
实施了超常规量化宽松货币政策，与 1989 年前后日本泡沫经济的高峰时期
相似，激发了日本 CPI 对 PPI 的影响关系向上转正的拉升过程，但都未能保
持在 0 以上。这说明日本经济的内需不足，一直无法起到带动经济的作用，
难以形成需求拉动型通胀。

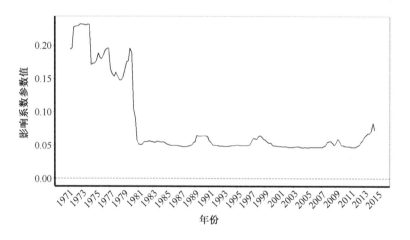

图 5-18　日本 PPI 对 CPI 的影响系数

以上的计量分析结果充分表明，日本经济在经历了高速增长后，经济增
长乏力且深陷通缩困境，而其主要原因是内需不足。在曾经为日本带来经济
高速增长时期的后发优势不可持续的情况下，内需又无法拉动日本国内经济
持续增长。同时，外向型经济容易受到需求下降等外部冲击因素的影响，因

此日本国内出现的短期经济复苏过程很容易被打断。在这种情况下，即使量化宽松货币政策能在短期内影响通胀预期，但无法切实地改变经济环境中内需不足的结构性问题，这也导致日本经济无法通过简单的刺激性货币政策来摆脱当前的通货紧缩困境[9]。

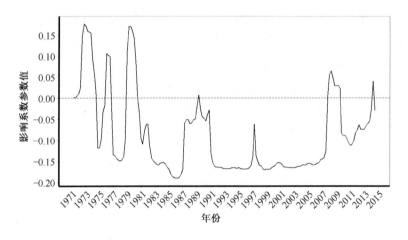

图 5-19   日本 CPI 对 PPI 的影响系数

5.2.3   中国经济增长与通胀过程的计量分析

1. 中国经济增长率的计量分析

从数据的角度分析，1992 年第一季度至 2014 年第三季度中国 GDP 季度同比增长率，以及 1987 年第一季度至 2014 年第三季度中国 CPI 季度同比增长率分别如图 5-20、图 5-21 所示。通过 Markov 区制时变模型得到中国 GDP 增长率过程的 AR 系数之和的计量结果，如图 5-22 所示。由图 5-22 可以看到，在中国经济"软着陆"之前，存在一个 AR 系数之和的下降过程；在 2001 年中国加入 WTO 之后，AR 系数之和表现出逐渐缓慢上升的趋势；这种趋势在 2008 年美国金融危机之后被打破，并在 2009 年后逐渐恢复；2011 年以后 AR 系数之和稳定在略低于先前的水平至今。从图 5-22 可以看出，中国经济近期增长相对放缓，引起了内在 AR 结构的细微变化，表现为 AR 系数之和从 0.85 左右略微下降至 0.83 附近，这预示着中国经济增长的惯性依旧稳固。

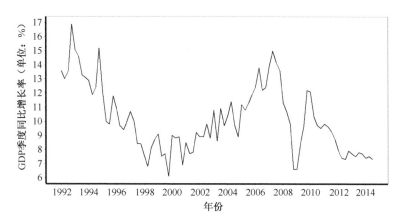

图 5-20　中国 GDP 季度同比增长率数据

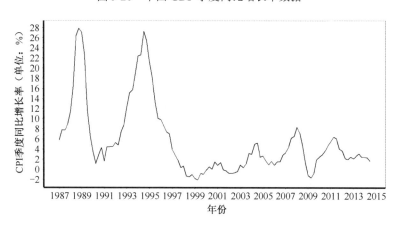

图 5-21　中国 CPI 季度同比增长率数据

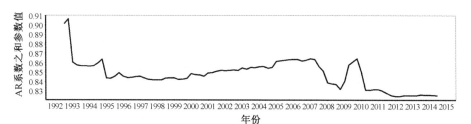

图 5-22　中国 GDP 增长率过程的 AR 系数之和

2. 中国通胀过程的计量分析

从 CPI 通胀率数据的角度分析，通过 Markov 区制时变模型得到中国 CPI 增长率过程的 AR 系数之和的计量结果，如图 5-23 所示。从图 5-23 的计量结果可以看到，20 世纪 90 年代末，中国 CPI 通胀率过程经历过不可持续的单位根过程；在中国经济实现"软着陆"后，中国经济通胀惯性得以长期稳固在 0.9 附近，仅在 2008 年美国金融危机后出现过短期细微的波动。

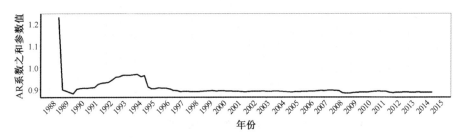

图 5-23　中国 CPI 通胀率过程的 AR 系数之和

3. 中国的需求拉动型通胀效应

进一步基于 Markov 区制时变向量自回归模型对中国 CPI 与 PPI 的传导机制进行计量分析，考察中国经济受成本推动与需求拉动的通胀效应。从图 5-24 的计量结果可以看到，2003 年以后，在生产能力提高和全球化因素的推动下，中国经济几乎摆脱了成本因素的影响，除了 2008 年之前与 2011 年前后在国际能源供给与原材料价格冲击下的波动。另外，图 5-25 表明，2003 年以后 CPI 对 PPI 总体具有持续稳定的高正向影响效应，这说明内需持续、稳定地增长，拉动通胀与经济的效应显著。这种需求拉动效应在 2009 年与 2012 年之后因国际外需降低的冲击影响而被抵消，外需降低的影响也是 2008 年美国金融危机之后我国 CPI 增长率较低的主要原因。

从以上计量分析结果中可以看到，中国的经济增长与日本曾经的经济增长过程有相似之处，都曾经受益于政府政策的支持效应与发展对外出口的推动作用。中国经济的内需在持续发挥着拉动经济的作用，即便近期中国经济增速有所放缓，但也不会陷入类似日本经济因内需不足而在新旧经济增长驱动力不能接续的情况下，即使实施持续的量化宽松货币政策也无法改变的通货紧缩困境。

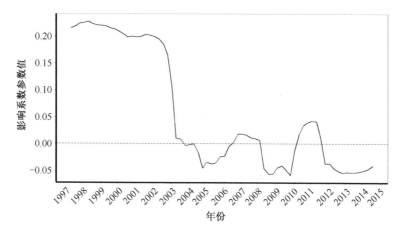

图 5-24　中国 PPI 对 CPI 的影响系数

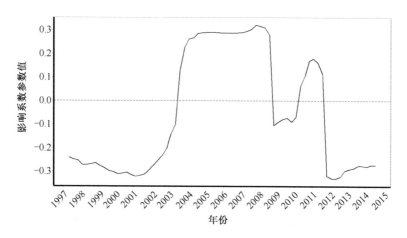

图 5-25　中国 CPI 对 PPI 的影响系数

5.3　经济增长稳定性测度的国际对比

2008 年美国金融危机及随之而来的一系列冲击，可以看作对各国经济增长质量的一次实际考验。此次金融危机虽然爆发于美国，但其对新兴经济体，甚至对某些欧洲发达经济体的影响更加深远。2014 年，美国经济在全球经济复苏过程中领先一步，而原本曾被普遍认为具有较高经济增长率的新兴经济体，由于各自经济增长方式的不同，在后金融危机时代其经济发展状况也呈现出严重分化的现象。从国际经验来看，当经济发展到一定水平时，劳动力等要素条件的改变、社会改革等成本的提升、国际竞争的加剧都将对其原有增长驱动力的持续性造成影响。20 世纪后期至今，多个国家和地区也曾创造过经济快速增长的"奇迹"。其中，被认为依靠模仿而取得过 20 多年快速增长的日本经济，在达到一定的发达水平之后，受后发优势不可持续的影响，经济增长动力难以为继。20 世纪 90 年代初期，在泡沫经济破灭的冲击下，日本经济陷入长期衰退与通货紧缩困境，并延续至今。相比之下，美国经济增长被认为具有较强的持续性和稳定性。

特别是 20 世纪 80 年代中期以来，以美国为代表的一些发达经济体进入了"大缓和"（Great Moderation）时期，经济发展不仅表现为高产出、低通胀的特征，而且产出和通胀的波动幅度也明显下降了，这通常被归因为以信息技术为核心的"新经济"的崛起。信息技术带动劳动生产率的提高，使美国经济的产出增长和物价稳定得以持续，并支撑起其后金融危机时代的经济复苏。如果经济体的经济增长偏重单一的支柱产业，或者无法摆脱对出口目标市场的过度依赖，其必然会丧失抵御外部冲击的能力。特别是在后金融危机时代，在美国量化宽松货币政策等国际外部因素的冲击下，昔日以经济快速增长而位列"金砖五国"的印度、巴西、南非，反而与印度尼西亚、土耳其一道被称为"脆弱五国"。由此可见，原本以经济增长在数量上的差异来看待发达经济体与新兴经济体的研究方式已不合时宜，需要从经济结构与经济增长的驱动力和质量的角度重新审视不同经济体的具体特征。

本章所应用的 RTV-AR 测度模型，兼容具有非平稳性与结构不稳定性的经济数据，能够更充分地挖掘出隐含在原始数据中的信息。经济增长稳定性，通过经济增长率与价格指数增长率，从产出波动与价格波动的角度测度。在经济增长稳定性测度方法方面，扩展了以动态 AR 过程的滞后项系数之和（以下简称 ARC 指标），并将其作为经济变量稳定性的测度方法。本节以 GDP 增长率与 CPI 增长率的 ARC 指标为基础，结合截距项、随机扰动项与结构断点概率，构建经济增长稳定性测度模型，并对新兴经济体、发达国家的典型代表中国、美国、日本、韩国、印度、英国、法国、南非、巴西 9 国的经济增长稳定性与动态趋势进行实证分析，结合经验分析的对比，从稳定性角度考察在经济新常态下中国经济增长的质量。

5.3.1　经济增长率的稳定性分析

1. 经济增长率数据的平稳性检验

本节选取 GDP 增长率季度同比数据，对各国的经济增长率过程的稳定性进行分析。在计量分析之前，通过 EViews7 统计软件工具，基于 Dickey 和 Fuller（1979）、Phillips 和 Perron（1988）、Kwiatkowski 等（1992）提出的单位根与平稳性检验方法，对中国、美国、日本等 9 国 GDP 增长率季度同比数据进行平稳性检验。本书所选数据的时间段，以及不同方法的平稳性检验结果如表 5-1 所示。其中，ADF、PP 分别代表 Dickey 和 Fuller（1979）、Phillips 和 Perron（1988）所提出的检验方法，所得数据为依据该方法计算的统计量与拒绝含有单位根原假设的 P 值；KPSS 代表 Kwiatkowski 等（1992）提出的检验方法，所得数据为依据该方法计算的统计量与不能拒绝平稳性原假设的 P 值所在的区间范围。从表 5-1 的检验结果可以看到，大部分国家的 GDP 增长率季度同比数据几乎都无法在所有检验方法下同时通过平稳性检验。因此，本章基于前述设计的可兼容非平稳性数据的 RTV-AR 模型，测度各国经济增长率的稳定性。

表 5-1　中国、美国、日本等 9 国 GDP 增长率季度同比数据的平稳性检验

国家	时间段	ADF（p 值）	PP（p 值）	KPSS（p 值）
中国	1992Q1—2014Q3	-2.731288（0.0727）	-2.517481（0.1147）	0.309292（>0.10）
美国	1953Q1—2014Q3	-3.005805（0.0358）	-4.200621（0.0008）	0.374944（<0.10）
日本	1956Q1—2014Q3	-2.438206（0.1324）	-1.910022（0.3273）	1.832794（<0.01）
韩国	1971Q1—2014Q3	-2.716861（0.0733）	-3.481904（0.0096）	1.093748（<0.01）
印度	1997Q1—2014Q3	-3.391966（0.0146）	-3.541616（0.0096）	0.200741（>0.10）
英国	1956Q1—2014Q3	-4.365375（0.0004）	-4.941481（0.0000）	0.193240（>0.10）
法国	1979Q1—2014Q3	-3.911491（0.0026）	-4.004589（0.0019）	0.376834（<0.10）
南非	1994Q1—2014Q3	-2.831582（0.0583）	-3.018049（0.0373）	0.135247（>0.10）
巴西	1997Q1—2014Q3	-4.288115（0.0010）	-3.103669（0.0308）	0.164933（>0.10）

注：数据来自 Wind 资讯数据库。

2. 中国经济增长率过程的稳定性分析

本章选取如图 5-26（a）中虚线所示中国 1992 年第一季度至 2014 年第三季度的 GDP 季度同比增长率数据，基于 RTV-AR 模型进行稳定性测度分析，得到如图 5-26 所示的主要计量结果。从计量结果中可以得到如下分析结论。

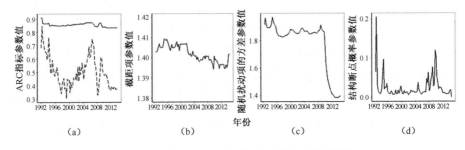

图 5-26　中国经济增长率过程的稳定性分析

第一，中国经济自 1996 年成功实现"软着陆"之后，ARC 指标从不稳定的 0.9 以上，调整到 0.85 左右的稳定状态，并进入了平稳快速发展阶段。

第二，1996 年至今，中国 GDP 增长率 AR 过程的 ARC 指标总体平稳，并一直保持在 0.8 以上，这说明中国 GDP 增长率 AR 结构的惯性较大，即维

持增长的能力较强。

第三，中国经济的 ARC 指标在 2007 年之前，具有稳定且缓慢向上的趋势，显示中国经济增长进入加速阶段，这种加速趋势止于 2008 年美国金融危机爆发。

第四，2008 年以后，特别是 2010 年应对金融危机的量化宽松货币政策转为稳健货币政策之后，ARC 指标稳定在较 2008 年之前稍低但更加平稳的状态，并延续至今。这说明中国经济增长率过程进入了一个新的稳定状态，并在近期保持稳定，不存在下行趋势。

第五，中国 GDP 增长率 AR 过程的截距项相对稳定，其变化十分有限。这说明中国 GDP 增长率在均值水平方面较为稳定，投资、出口与消费所贡献的增长率水平总体保持稳定，其动态变化主要来自 AR 结构的调整，以及在冲击因素影响下的波动。

第六，2009 年以前，中国经济虽然保持了长期的高速增长过程，但经济增长的波动性较高，相比之下更易受到冲击因素的影响；2010 年之后，中国经济增长过程的波动性显著降低到了一个新的稳定水平上，经济增长增速在适度放缓的同时，增强了经济运行的稳定性。

第七，中国经济增长过程中不存在较大概率的结构性断点，这说明中国经济增长的模式转换过程相对平滑。另外，仅有的相对较大的结构性断点，出现在开启实施经济"软着陆"政策的 1993 年及 2010 年。

3. 多国经济增长率过程的稳定性分析

为进一步研究不同经济体在不同经济增长模式下的经济增长稳定性特征，本书选取如表 5-1 所示新兴经济体、发达国家的典型代表美国、日本、韩国、印度、英国、法国、南非、巴西 8 国的 GDP 季度同比增长率数据进行稳定性测度分析。通过自相关性检验，并结合贝叶斯信息准则确定各自 AR

过程的滞后期选择，通过 RTV-AR 模型进行对比分析。

首先，查看多国经济增长率过程 AR 结构的稳定性与动态趋势分析结果：从 ARC 指标所反映的经济增长率过程 AR 结构的稳定性与动态趋势特征的角度，对比分析 8 国的经济增长率过程的稳定性。如图 5-27 所示为各国 ARC 指标的计量结果，从图 5-27 中可以发现如下结论。

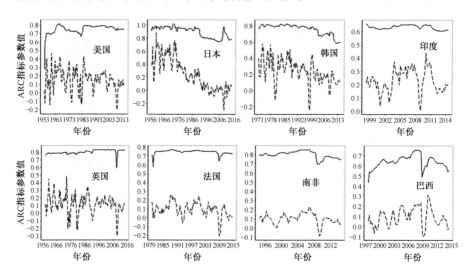

图 5-27　美国、日本、韩国、印度等 8 国经济增长率 ARC 指标

第一，自 20 世纪 80 年代中期以来，美国、英国和法国进入"大缓和"（Great Moderation）阶段之后，其 ARC 指标均较之前更加平稳。相比之下，法国的经济增长率过程 AR 结构的稳定性低于英国，并且两国 ARC 指标的动态趋势在 20 世纪 90 年代之后开始分化。

第二，创造过"东亚奇迹"的日本和韩国，分别于 1984 年和 1995 年实现年人均 GDP 超过 10000 美元，之后其 ARC 指标步入持续下降过程，并延续至今。这说明其经济增长过程存在持续衰退的动态趋势。

第三，作为新兴经济体主要国家的印度和巴西，其虽然在进入 21 世纪以来实现了较高的经济增长，但是其 ARC 指标较低。这说明其经济增长率过程 AR 结构的稳定性较低。另外，巴西经济增长率 ARC 指标相对更低、更不稳定，表示其在经济增长稳定性方面的欠缺。相比之下，同为"金砖国家"的南非，其 ARC 指标稳固在 0.8 左右，说明南非经济增长率过程 AR 结构的稳定性较强。

第四，从 ARC 指标上可以看出，各国均受到 2008 年美国金融危机的冲击。美国受到的冲击最小；英国受到的冲击最短暂；法国在受到冲击之后恢复的速度比英国慢；日本在 2008 年之前所出现的短暂经济复苏进程彻底被金融危机的冲击所打断；韩国在受到冲击之后其 ARC 指标加速了下降趋势；印度和巴西的 ARC 指标在金融危机之前就明显低于其他国家，特别是巴西的 ARC 指标在本节选取的 1997 年至今几乎没有稳定过；相比之下，南非的 ARC 指标在金融危机之前较为稳定。

其次，查看多国经济增长率的均值水平与固定成分分析结果。RTV-AR 模型测度的 GDP 增长率 AR 过程截距项的后验估计值，可以在一定程度上反映经济增长率的均值水平与固定成分上的变化。对比如图 5-28 所示的 8 国 GDP 增长率 AR 过程截距项的计量结果，可以得出如下结论。

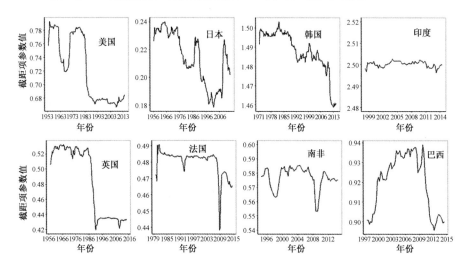

图 5-28　美国、日本、韩国、印度等 8 国 GDP 增长率 AR 过程的截距项

第一，以美国、英国为代表的发达经济体在进入"大缓和"阶段之后，其截距项有所减小。

第二，新兴经济体的截距项相对高于发达经济体。这说明这些发展中经济体的经济增长率中，要素驱动与投资驱动所带来的固定成分相对较大。

第三，虽然韩国人均 GDP 早已跨过发达国家下线，而且韩国也是经济合作与发展组织（OECD）成员，但是韩国往往被多个重要的国际组织与研究机构以不同的标准界定为新兴经济体。韩国 GDP 增长率 AR 过程的截距项水平与中国相近，而与日本相去甚远。从这个角度上看，韩国具有新兴经济体的特点。

第四，属于"金砖国家"的南非，其 GDP 增长率 AR 过程的截距项与英国、法国相近。

再次，查看多国经济增长率的波动性特征。RTV-AR 模型测度的 GDP 增长率 AR 过程随机扰动项的方差的后验估计值，可以体现经济增长率的波动性特征，反映其抵御外部冲击的能力。对比如图 5-29 所示的 8 国 GDP 增长率 AR 过程随机扰动项的方差的计量结果，可以得出如下结论。

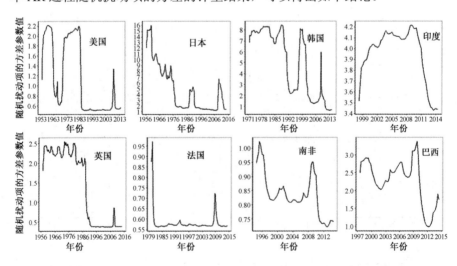

图 5-29　美国、日本、韩国、印度等 8 国 GDP 增长率 AR 过程的随机扰动项的方差

第一，美国、英国、法国等发达国家经济在进入"大缓和"阶段后，经济增长率的波动性显著降低到 1 以下，说明其经济增长的稳定性增强。

第二，日本与韩国 GDP 增长率 AR 过程的随机扰动项的方差虽然分别在 20 世纪 80 年代和 90 年代之后显著下降，但无法抵御各种冲击影响而阶段性突起。

第三，印度和巴西 GDP 增长率 AR 过程随机扰动项的方差远超过 1，与此相比，南非 GDP 增长率 AR 过程随机扰动项的方差近期一直保持在 1 以下。

最后，对多国经济增长率区制状态的结构性断点进行检验。RTV-AR 模型测度的 GDP 增长率 AR 过程区制状态的结构断点概率，可以反映经济增长过程的突变性特征。对比如图 5-30 所示的 8 国 GDP 增长率 AR 过程结构断点概率的计量结果，可以得出如下结论。

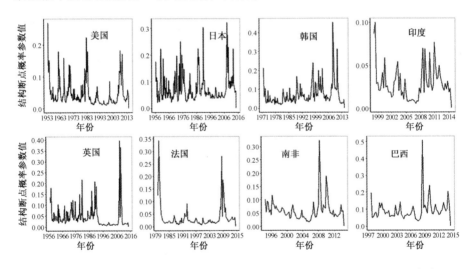

图 5-30　美国、日本、韩国、印度等 8 国 GDP 增长率 AR 过程的结构断点概率

第一，经济进入"大缓和"阶段后，美国、英国、法国的结构断点概率显著降低，体现了经济增长的稳定性增强。

第二，虽然 2008 年美国金融危机使美国、英国、法国出现了相对较高的结构断点概率,但从持续性角度来看,美国金融危机及随之而来的一系列冲击对其他 5 国的影响更加深远。

4. 局部单位根过程检验与经济增长方式的可持续性分析

RTV-AR 模型实现了数据自回归结构的时变估计,在兼容非平稳性数据的同时,构建了以局部 AR 过程的最大特征根检验时间序列数据中局部单位根过程的模拟方法。图 5-31 显示了如表 5-1 所示的包含中国在内的 9 国 GDP 增长率 AR 过程最大特征根(LAR 指标)的 10%、50% 与 90% 的后验分位数估计值,可以得出如下结果。

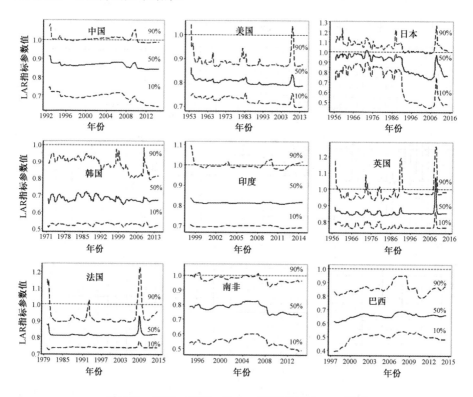

图 5-31　中国、美国、日本、韩国等 9 国 LAR 指标

第一,中国在经济"软着陆"之前具有相对较高的单位根风险,其在接近 90% 上下的显著性水平基本上可以拒绝单位根过程,特别是在 2010 年之

后，其完全可以在 90%的显著性水平拒绝单位根过程。从该检验结果来看，印度与中国具有相似的情况。

第二，日本在 1990 年泡沫经济破灭以前，长期存在较大的单位根风险，这表示其当时的经济增长过程不具有可持续性。

第三，其他 6 国，除了极少的结构性突变概率较高的时点，均可在 90%的显著性水平拒绝单位根过程。

综合美国、日本、韩国、印度、英国、法国、南非、巴西 8 国经济增长率过程的稳定性测度分析发现：金融危机及后金融危机时代，全球性非常规货币政策的冲击对发达经济体和新兴经济体的影响都是非对称的；经济体自身经济结构与经济增长驱动力特征，决定了其所受冲击的影响；部分经济体在经济增长质量上的欠缺，是其深陷金融危机影响的主要原因。

中国与其他 8 国经济增长率过程实证分析的结果对比，进一步强调了经济增长质量的重要性。无论是发达国家，还是新兴经济体，其在经济结构与经济增长驱动力方面的不足，都将给经济增长的可持续发展带来隐患。本书将进一步从价格稳定性角度，结合中外各国的经验分析与对比，来考察在经济新常态下中国经济增长的质量。

5.3.2　价格指数增长率的稳定性分析

1. 价格指数增长率数据的平稳性检验

本书选取 CPI 季度同比增长率数据（每季度最后月份的同比增长率），对各国的价格指数增长率过程的稳定性进行分析。在计量分析之前，通过 EViews7 统计软件工具，对如表 5-2 所示中国、美国、日本等 9 国的 CPI 季度同比增长率数据进行平稳性检验。本书所选数据的时间段与不同方法的平稳性检验结果如表 5-2 所示。从表 5-2 的检验结果可以看到，大部分国家的 CPI 季度同比增长率数据都无法在所有检验方法下同时通过平稳性检验。因此，本书继续利用可兼容非平稳性数据的 RTV-AR 模型，测度各国价格指数增长率的稳定性。

表 5-2　中国、美国、日本等 9 国 CPI 季度同比增长率数据的平稳性检验

国家	时间段	ADF（p 值）	PP（p 值）	KPSS（p 值）
中国	1990Q1—2014Q3	−2.650985(0.0867)	−2.054685（0.2635）	0.325451（>0.10）
美国	1953Q1—2014Q3	−1.792477（0.3837）	−2.611595（0.0920）	0.340186（>0.10）
日本	1971Q1—2014Q3	−1.948978（0.3093）	−2.337100（0.1616）	1.007424（<0.01）
韩国	1976Q1—2014Q3	−2.507872（0.1156）	−3.075552（0.0305）	0.734917（<0.05）
印度	1993Q1—2014Q3	−1.657887（0.4487）	−2.972343（0.0416）	0.242257（>0.10）
英国	1989Q1—2014Q3	−2.808413（0.0609）	−1.959489（0.3042）	0.356695（<0.10）
法国	1999Q1—2014Q3	−3.619987（0.0080）	−3.147184（0.0282）	0.150241（>0.10）
南非	1971Q1—2014Q3	−1.702683（0.4281）	−2.116344（0.2386）	0.915267（<0.01）
巴西	1990Q1—2014Q3	−3.744076（0.0054）	−2.362442（0.1560）	0.146516（>0.10）

注：数据来自 Wind 资讯数据库。

2. 中国价格指数增长率的稳定性分析

本书选取中国 1990 年第一季度至 2014 年第三季度的 CPI 季度同比增长率数据，通过自相关性检验，结合贝叶斯信息准则选取滞后 3 阶 AR 过程，并基于 RTV-AR 模型进行稳定性测度分析，得到的主要计量结果如图 5-32 所示。从计量结果中可以得到的分析结论如下。

第一，中国经济在 1996 年完成"软着陆"之后，表示通胀率的 ARC 指标从高通胀过程的大约 1 下降为接近 0.9 的稳定状态；代表波动性的随机扰动项的方差也在 1996 年后大幅下降。这说明中国经济通胀动态趋于稳定。1996 年中国价格指数增长率出现高于 50%以上的结构断点概率，也证实中国经济通胀率过程在此阶段发生了结构性的状态转换。

第二，2007 年之前，中国价格指数增长率 ARC 指标的上升，暗示通胀风险增加；但经过 2008 年美国金融危机的冲击后，以及在 2012 年之后，ARC 指标再次稳固到了一个更加平稳的水平。另外，中国经济波动性在 2010 年之

后再次下降到更低的水平。综上所述，中国价格指数增长率在经历经济"软着陆"和 2008 年美国金融危机后，已经从高通胀过程转向温和通胀过程，近期更趋于稳定的通胀状态。

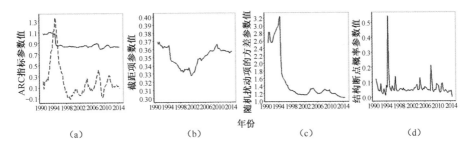

图 5-32　中国价格指数增长率的稳定性分析

3. 多国价格指数增长率的稳定性分析

为进一步研究不同经济体在不同经济增长模式下的价格指数的稳定性特征，本章选取如表 5-2 所示新兴经济体、发达国家的典型代表美国、日本、韩国、印度、英国、法国、南非、巴西 8 国的 CPI 季度同比增长率数据进行稳定性测度分析。通过自相关性检验，结合贝叶斯信息准则确定各自 AR 过程的滞后阶选择，利用 RTV-AR 模型对各国的通胀率动态过程进行对比分析。

首先，查看多国通胀率过程 AR 结构的稳定性与动态趋势分析结果。ARC 指标可以反映通胀率过程 AR 结构的稳定性与动态趋势特征，因此本节基于 ARC 指标对比分析 8 国的通胀率过程的稳定性。从如图 5-33 所示的各国通胀率过程 ARC 指标的计量结果可以得出如下结论。

第一，美国在 20 世纪 80 年代，日本在 20 世纪 70 年代，韩国在 20 世纪 80 年代之前的投资扩张过程中，都出现过类似中国经济"软着陆"前的高通胀过程。

第二，2008 年美国金融危机对美国、日本、英国与法国等发达经济体价格系统的短期冲击较大，说明其金融体系的关联性更加紧密。

第三，2008 年美国金融危机对新兴经济体价格系统的影响更加持续。类似中国的情形，印度和南非在 2008 年之前的短期通胀趋势都被打断而转向。

第四，从 ARC 指标上看，日本在 2008 年美国金融危机后的量化宽松货币政策，特别是 2012 年之后的持续量化宽松货币政策，对其通胀过程起到了一定的短期效果。

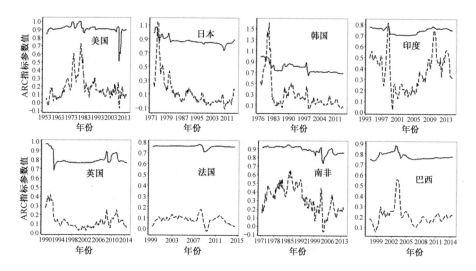

图 5-33　美国、日本、韩国、印度等 8 国通胀率的 ARC 指标

其次，查看多国通胀率的均值水平与固定成分分析结果。RTV-AR 模型测度的通胀率 AR 过程截距项的后验估计值，可以在一定程度上反映通胀率的均值水平与固定成分方面的变化，对比如图 5-34 所示的 8 国通胀率 AR 过程截距项的计量结果，可以得出结论：

从截距项上分析，发达国家通胀率的均值水平与固定成分要低于新兴经济体。

再次，查看多国通胀率的波动性特征。RTV-AR 模型测度的通胀率 AR 过程随机扰动项的方差的后验估计值，可以体现通胀率的波动性特征，反映其抵御外部冲击的能力。对比如图 5-35 所示的 8 国通胀率 AR 过程随机扰动项的方差的计量结果，可以得出如下结论。

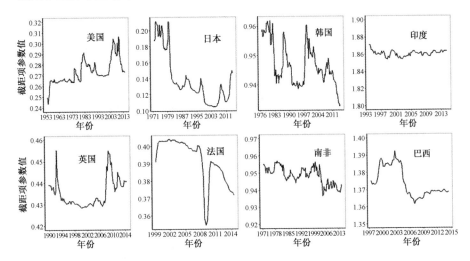

图 5-34　美国、日本、韩国、印度等 8 国通胀率 AR 过程截距项的计量结果

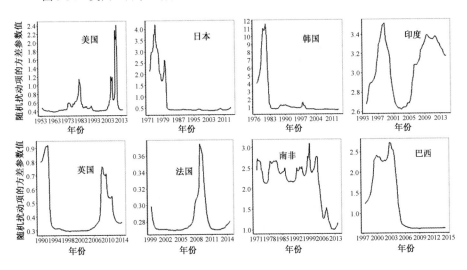

图 5-35　美国、日本、韩国、印度等 8 国通胀率 AR 过程的随机扰动项的方差的计量结果

第一，发达经济体的通胀率波动性显著低于新兴经济体，仅在 2008 年美国金融危机前后，美国、英国、法国的通胀率波动性短期加剧。

第二，类似中国经济的"软着陆"过程，日本和韩国在 1980 年前后也通过强有力的政策将通胀率波动性大幅降低，但与日本和韩国相比，中国的过渡阶段更加平滑。

第三，新兴经济体的通胀率波动性高于发达国家，其中，南非和巴西的通胀率波动性在 2003 年前后有所降低。

最后，查看多国通胀率区制状态的结构断点概率检验结果。RTV-AR 模型测度的通胀率 AR 过程区制状态的结构断点概率，可以反映通胀率过程的突变性特征。对比如图 5-36 所示的 8 国通胀率 AR 过程的结构断点概率，可以得出如下结论。

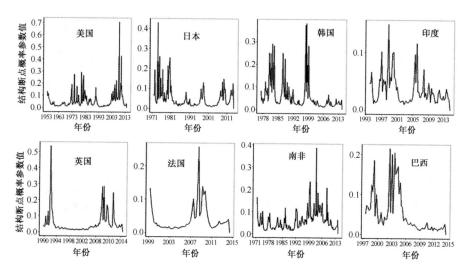

图 5-36　美国、日本、韩国、印度等 8 国通胀率 AR 过程的结构断点概率

第一，美国、英国、法国的通胀率 AR 过程在金融危机前后结构断点概率相对较高。

第二，韩国和日本在昔日经济高速发展阶段，其通胀率 AR 过程的结构断点概率相对较高。

4. 局部单位根过程检验与通胀过程的可持续性分析

基于 RTV-AR 模型，通过通胀率局部 AR 过程的最大特征根（LAR 指标）来检验其存在局部单位根过程的可能性。图 5-37 显示了如表 5-2 所示包含中国在内的 9 国通胀率 AR 过程最大特征根的 10%、50% 与 90% 的后验分位数估计值，结果显示：

第一，在投资扩展阶段，中国、美国、日本与韩国都持续存在 90% 显著性水平，甚至 50% 显著性水平无法拒绝的单位根风险；

第二，在通胀加剧过程中，如中国 2007 年前后、美国 2007 年之前、巴西 2003 年前后，都出现了突增的单位根风险。

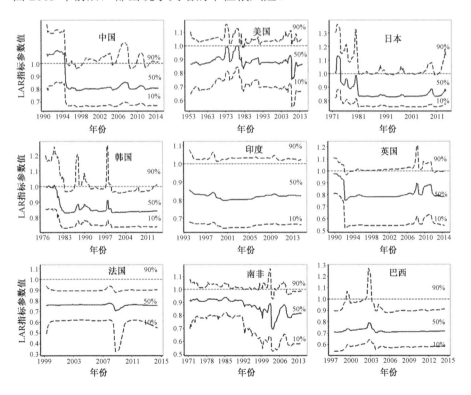

图 5-37 中国、美国、日本、韩国等 9 国通胀率 AR 过程的 LAR 指标

5.4 本章小结

本章通过 RTV-AR 模型对中国、美国、日本、韩国 4 国的经济增长率数据进行计量分析，检验中国经济增长率在转换阶段的动态趋势，分析美国、日本、韩国在步入高收入国家前后，以及寻求经济增长模式转型过程中的动态特征。结果表明：近期的经济增速放缓并没有改变中国经济高速增长的趋势，中国经济的增长率过程已经转换到了更加稳定的状态；中国经济已经摆脱过度依赖出口，近期国际经济环境的影响不足以改变中国经济的中长期发展趋势；对日本和韩国的经济发展经验分析表明，如果未能及时地转换经济增长方式，而是通过以投资和出口为主的经济增长驱动力跻身高收入国家，在更高的高收入水平下，被动地转换经济增长方式将遇到更大的困难、付出更高的代价；目前，中国经济的增长模式虽然可以支撑中国经济延续高速增长的趋势，但以美国、日本、韩国经济发展的经验教训为鉴，中国应主动适应经济发展新常态，积极推动经济增长方式转变，这对未来中国经济的长期发展至关重要。

本章对日本和中国经济增长与通胀过程的计量分析表明：内需不足而无法拉动经济持续增长，导致日本经济在新旧增长动力不能接续的情况下陷入经济衰退与通货紧缩困境；对于出口的依赖，又导致日本经济短暂的复苏过程被 2008 年美国金融危机之后持续的外部需求下降因素所打断；相比之下，虽然在 2008 年美国金融危机之后，中国经济也持续受到外部需求下降因素的影响，但是持续的需求拉动效应促使中国经济依然保持着较高惯性的增长。

第 6 章

价格传导机制的多元时变分析[①]

① 本章部分成果发表在刘洋、陈守东撰写的《数理统计与管理》（2016 年第 2 期）的文章中。

6.1　我国价格传导机制的多元时变分析

6.1.1　使用贝叶斯非参数方法分析价格传导

不同的价格指数，反映了从生产到消费的不同阶段的价格变化情况。检验不同价格指数之间的因果关系，对研究我国的价格传导机制具有重要的现实意义。只有准确地掌握不同时期价格指数之间的传导机制，才能更科学地掌握价格变化的趋势，更有效地监控市场价格的变化，为宏观调控政策的制定与决策提供准确的依据。

价格水平主要受需求因素拉动、成本因素推动、货币政策驱动与外部输入因素的影响。在不同时期、不同环境与不同发展阶段，各种因素对经济的作用效果不同，这导致上游的工业企业原料、燃料、动力购进价格指数（RMPI，或称 PPIRM）与生产者价格指数（PPI），中游的企业商品交易价格指数（CGPI）与下游的居民消费价格指数（CPI）之间的传导机制也发生变化。通过对价格传导机制的计量分析，我们可以掌握经济结构的特点与当前经济形势发展的动态特征。

本章构建了贝叶斯非参数方法的 RTV-VAR 模型，解决了传统 VAR 模型无法处理的带有不平稳性与结构不稳定性的实证分析问题，为多元数据因果关系检验与时变分析提供了新方法。使用这种多元时变分析的新方法可以避免额外的数据处理过程对原始数据中短期动态信息造成的损失，可以实现对多元影响关系的时变度量。

6.1.2 价格传导机制的文献综述

以 CPI 与 PPI 为代表的各种价格指数，通常会受到政策变化与外部因素的冲击，其时间序列往往不满足数据平稳性要求，甚至存在结构不稳定的潜在特征，使常规的向量自回归（VAR）模型或传统的格兰杰因果关系检验方法，在研究价格传导机制的问题上受到限制。因此，基于差分处理与协整检验的方法被多位学者采用。贺力平等（2008）采用格兰杰因果关系检验方法，研究了 2001—2008 年 PPI 与 CPI 的关系，认为下游的 CPI 对上游的 PPI 具有单向的因果关系。张成思（2010）认为贺力平等（2008）在格兰杰因果关系检验中对非平稳数据的处置影响了结论的准确性。张成思（2010）采用协整检验、误差修正与格兰杰因果关系检验方法对包括上游的 RMPI 与 PPI、中游的 CGPI 与下游的 CPI 等价格指数之间的影响关系进行了检验，并结合 M2 数据，针对货币政策驱动因素对价格传导机制的影响进行了分析。

张成思（2010）认为 RMPI、PPI、CGPI 都对 CPI 存在正向传导效应，同时 CPI 对 CGPI、CGPI 对上游的 PPI 与 RMPI，以及 PPI 对 RMPI 具有反向倒逼效应，当加入 M2 的货币政策驱动因素后，RMPI 对 CPI 的格兰杰因果关系检验结果从显著变为不显著。M2 对 PPI、RMPI 的格兰杰因果关系显著，而所有价格指数对 M2 的格兰杰因果关系不显著。杨子辉等（2013）采用非线性格兰杰因果关系检验的方法对 CPI 与 PPI 之间的传导机制进行了研究，认为 CPI 与 PPI 之间的传导机制并非一成不变，正向传导与反向倒逼机制会随时间推移而演变，而且反向倒逼机制日益复杂。传统的研究方法忽略了价格传导机制的非线性特征，容易导致在结果上出现偏差。

价格指数之间的传导机制很可能存在动态演变的过程，单纯地对价格指数之间的因果关系做出存在与否的判断性检验，无法全面和准确地描述价格传导机制。我们需要使用能够兼容不平稳性与结构不稳定性的数据的方法，对价格传导机制进行非线性动态分析。既要针对传导机制给出总体判断，又要揭示可能存在的动态演变过程。

两变量因果关系检验容易遗漏更具解释能力的其他变量。如果在两变量因果关系检验结果的基础上，引入更具解释能力的第三个变量，可能会得出新的结论。显然，在两个被检验出因果关系的价格指数之间，存在更具解释能力的其他价格指数的可能性很大。因此，如果想要准确地描述价格传导机制，就必须对考虑范围内的变量做全面的多元关系检验，避免误判。为适应传统方法的使用要求，我们需要对价格指数进行额外处理，这不仅偏离了价格指数原有的经济指标含义，还损失了原始数据中可反映短期动态的有用信息。因此，我们迫切需要提出适应传导机制实证问题特点的多元时变分析方法。

接下来，本章采用分层结构的 Dirichlet 随机过程对传统 VAR 模型进行扩展，设计并实现非参数贝叶斯方法的 RTV-VAR 模型及算法，同时实现对不平稳数据与结构不稳定数据的多元时变分析。应用该方法对我国价格传导机制进行的实证分析，不仅避免了对原始数据进行额外处理所造成的信息损失，还实现了对关系系数的时变估计；不仅可以提取出价格传导机制的核心结构，还可以刻画出传导机制的动态演变过程，以及国际贸易冲击因素的影响与货币政策的调控效果。本章尝试通过 RTV-VAR 模型的贝叶斯非参数方法提取原始数据中短期动态信息，将价格传导机制的研究工作推进到可监控其短期时变过程的水平。

6.1.3 测度多元时变因果关系的 RTV-VAR 模型

传统 VAR 模型的基本假设条件是线性分布与正态分布，以其为基础的格兰杰因果关系检验也是基于这个前提的假设检验方法。对于线性模型的扩展，通常采用带有区制特征的非线性模型替代，并采用以 Gibbs 抽样为代表的贝叶斯方法来实现。其中带有区制转移的 VAR 模型（简称 MS-VAR 模型）是一个主流选择，但是这种模型的区制状态需要在先验条件中给定，而且通常只适合在 2 区制或 3 区制这种区制较为有限的情况下使用，其实质是采用 Dirichlet 分布（当区制数设定为 2 时，退化为 Beta 分布）来驱动 Markov 区制转移过程以混合正态分布作为先验的分布条件，这种非线性模型虽然打破了传统线性模型的正态假设条件，但是有限区制数量的先验假设条件使其无法完全适应带有不平稳性与结构不稳定性的数据的处理过程。

本书基于 Fox 等（2011）的 Sticky HDP-HMM 随机过程来扩展传统的 VAR 模型，将式（6-1）所示的以方程组形式展现的 VAR 模型中的每个 n 元回归方程，与式（6-2）所示的 Sticky HDP-HMM 模型结合，扩展为式（6-3）所示的 RTV-VAR 模型，即允许 VAR 联立方程组中每个方程的滞后项系数、截距项与随机误差项方差在无限 Markov 区制状态下时变，并以贝叶斯非参数方法进行估计。

$$y_t = \beta_{0,s_t} + \sum_{i=1}^{m}\beta_{i,s_t}y_{t-i} + \sum_{j=1}^{n-1}\sum_{i=1}^{m}\beta_{i+m,s_t}x_{t-i}^{j} + \varepsilon_t \ , \ \varepsilon_t \sim N(0,\sigma_{s_t}^2) \qquad (6-1)$$

$$S_t \mid \beta_{0,j},\beta_{1,j},\cdots,\beta_{2m,j},\sigma_j^2 \sim \text{Skicky HDP-HMM} \qquad (6-2)$$

$$y_t = \beta_{0,t}^{\text{RTV}} + \sum_{i=1}^{m}\beta_{i,t}^{\text{RTV}}y_{t-i} + \sum_{j=1}^{n-1}\sum_{i=1}^{m}\beta_{i+m,t}^{\text{RTV}}x_{t-i}^{j} + \varepsilon_t \ , \ \varepsilon_t \sim N(0,\sigma_t^{2\,\text{RTV}}) \qquad (6-3)$$

在式（6-2）所示的区制转移方程中，$\beta_{\cdot,j}$ 代表在第 j 个区制状态下，方程的截距项与滞后项系数，其先验分布为多元正态分布；由 ε_t 代表的随机误差项，其方差 $\sigma_{s_t}^2$ 服从逆伽马分布。式（6-2）中的区制状态 S_t 服从 Sticky HDP-HMM 随机过程。

从模型设计与算法实现的过程中可以看出，正是由于 RTV-VAR 模型在设计与实现过程中，采取了无限区制状态的前提假设，并通过分层的随机过程从数据中学习信息来产生后验分布的方式，突破了传统 VAR 模型所需要的线性模型与正态分布的假设条件的限制，所以其可以广泛适用于不平稳数据的实证分析。同样是由于其采取了无限区制状态方式，RTV-VAR 模型可充分适应数据结构的变化，兼容存在结构突变与区制转移的非线性过程。另外，由于采用了后验随机过程模拟的方式，因此基于 RTV-VAR 模型的因果关系检验，可以直接通过后验估计结果是否大于 0 来判断，不需要通过类似于传统 VAR 模型的格兰杰因果关系检验的显著性检验过程来完成。分层先验条件的广泛适应性与 Dirichlet 随机过程可充分兼容未知状态的能力，使 RTV-VAR 模型的估计结果不受时间序列数据的时间段选取所带来的影响，估计结果具有稳定性。

因此，本章设计并实现的 RTV-VAR 模型对于检验存在不平稳性与结构不稳定性的多元数据的时变关系来说，具有良好的适应性，为多元关系的时变分析提供了可靠的计量方法与实证分析工具，特别适合用于对我国 RMPI、PPI、CGPI、CPI 所代表的价格传导机制进行实证分析。本章所设计并实现的贝叶斯非参数方法的 RTV-VAR 模型及算法，可通过 C/C++编程实现。

6.1.4 我国价格传导机制的核心结构

1. 以 CPI 与 PPI 为代表的二元关系的基础分析

从统计方法和指标设计的角度来看，RMPI 是反映工业企业作为生产投入方，在从物资交易市场和能源与原材料生产企业购买原材料、燃料和动力产品时，所支付的价格水平变动趋势和程度的统计指标，是反映工业企业物质消耗成本中价格变动的统计指标。PPI 是衡量工业企业产品出厂价格变动趋势和变动程度的指数，是反映某一时期生产领域价格变动的统计指标。CGPI 是反映国内企业之间物质商品集中交易过程的价格变动的统计指标，它的前身是国内批发物价指数（WPI），这一点与国际上多以 WPI 为 PPI 前身的情况不同。CPI 是反映居民家庭一般购买的消费商品和服务的价格水平变动情况的宏观经济指标。准确掌握代表原料购买（RMPI）、工业生产（PPI）、企业批发（CGPI）、居民消费（CPI）四个价格指数之间的关系（张成思，2010），对宏观经济研究与制定科学的调控政策起到至关重要的作用。

本节选取 1999 年 1 月至 2014 年 6 月的数据，对 RMPI、PPI、CGPI、CPI 之间的关系进行实证分析。其中，RMPI、PPI 与 CPI 的数据取自国家统计局网站，CGPI 的数据来自中国人民银行网站。鉴于 RTV-VAR 模型支持任意阶数的滞后项设定，此处我们选取滞后 1～3 阶的价格指数进行分析。为了能够以统一的方式比较各种影响关系，我们以滞后 1 阶作为价格指数滞后项的代表，对二元和多元的价格指数之间的相互影响关系进行描述与对比。在 RMPI、PPI、CGPI、CPI 之间建立 RTV-VAR 模型的过程中，考虑到需要针对所有的组合进行对比分析，故而得到 $2 \times C_4^2$ 即 12 个二元关系，$3 \times C_4^3$ 即 12 个三元关系和 $4 \times C_4^4$ 即 4 个四元关系的方程。

首先，从 CPI 与 PPI 的二元关系时变分析结果中，初步解读我国价格传导机制。CPI、PPI 滞后项对 CPI 的影响系数如图 6-1 所示，可以看到，代表此正向传导关系的影响系数基本稳定在 0 以上。相比之下，图 6-2 中的 CPI 滞后项对 PPI 的反向影响存在明显的动态演变过程（图中的纵向指标为不同价格指数的滞后项系数值），其中 2003 年年初至 2011 年年末（除 2008 年年末至 2010 年年初），CPI 滞后项对 PPI 的反向影响的系数处于 0.17 左右。

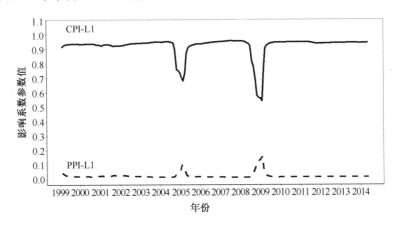

图 6-1　CPI、PPI 滞后项对 CPI 的影响系数

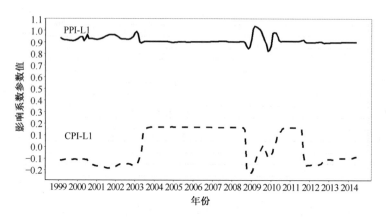

图 6-2　CPI、PPI 滞后项对 PPI 的影响系数

　　其次，对比采用了 2 区制的 Markov 区制转移模型对 2001 年至 2013 年（只有这段时间的数据不仅满足 MS-VAR 模型的适用条件，还可收敛到稳定结果）CPI 对 PPI 的反向倒逼关系进行估计，得到如图 6-3 所示的 MS-VAR 模型区制概率分布结果（图中纵向指标为存在反向倒逼关系的概率估计），该结果与图 6-2 中采用 RTV-VAR 模型得出的时变分析结果一致，即在 2003 年年初至 2008 年年末与 2010 年年初至 2011 年年末的区制内，CPI 对 PPI 的反向倒逼关系显著。本章使用的 MS-VAR 模型是通过 RATS8.0 软件完成的，MS-VAR 模型的结果印证了其时变分析结论，即 PPI 对 CPI 的正向传导关系稳定，CPI 对 PPI 的反向倒逼关系时变。

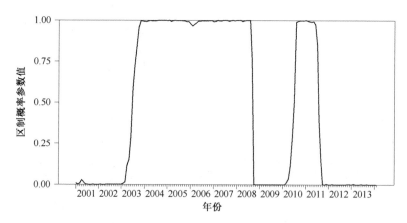

图 6-3　MS-VAR 模型区制概率分析结果

可见，PPI 对 CPI 的正向传导关系，虽然影响力有限，但是在总体过程中长期稳定存在。CPI 对 PPI 的反向倒逼关系，虽然在动态演变的过程中并非完全稳定地存在，但是其存在期间的影响较大。我们将这个二元时变关系的分析结果称为 CPI 与 PPI 的关系的初步分析结论。这一结论可以解释贺力平等（2008）对 2001 年至 2008 年 CPI 与 PPI 的关系进行格兰杰因果关系检验，得出反向倒逼关系显著，而正向传导关系不明显的实证结果。初步分析的结论还需要进行更加深入的实证检验，相比传统的格兰杰因果检验方法，本章基于 RTV-VAR 模型的多元时变分析方法，从原始数据中获得更加丰富的信息，从而更加深入和准确地刻画我国价格传导机制的结构和特征。

2. 我国传导机制的总体结构

通过检验 RMPI、PPI、CGPI、CPI 之间存在的所有二元关系，我们可以判断出在传导机制中所有可能存在的正向传导与反向倒逼关系，并将其称为传导机制的总体结构。图 6-4 以图形的方式总结了前述的采用 RTV-VAR 模型对传导机制的总体结构进行分析所得出的结果。从图 6-5 中展示的 RMPI、PPI、CGPI、CPI 四个价格指数上，也可以直观地看到，虽然它们在总体上形态相近，但也存在短期动态的时变关系。

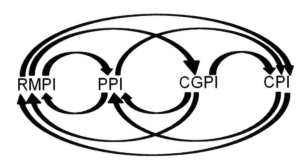

图 6-4　传导机制的总体结构

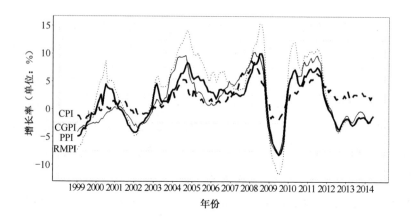

图 6-5　RMPI、PPI、CGPI、CPI 价格指数

3. 多元关系的对比分析与我国价格传导机制的核心结构

单纯地检验以 CPI 与 PPI 为代表的二元关系，不足以得出完全意义上的准确结论，因为很可能存在其他更具解释能力的第三个变量。因此，本书通过多元关系的对比分析，对在前述的传导机制的总体结构中描述的关系进行进一步检验，在 RMPI、PPI、CGPI、CPI 之间形成的所有二元关系组合的方程中，增加其他价格指数，组成具有三元或四元关系的方程，并提取出 RMPI、PPI、CGPI、CPI 之间价格传导的核心结构，即无法被其他变量所取代的每个价格指数的最直接影响因素。

1）对 CPI 产生最直接影响的价格指数

除了前述的 PPI 滞后项对 CPI 的正向传导关系，我们还可以进一步分析其他价格指数对 CPI 的影响系数。图 6-6 与图 6-7 分别展示了 RMPI 滞后项对 CPI 的影响系数与 CGPI 滞后项对 CPI 的影响系数，从中不难看出，RMPI 对 CPI 的影响关系与 PPI 对 CPI 的影响关系相似（可与图 6-1 对比），而 CGPI 对 CPI 的影响更为复杂。

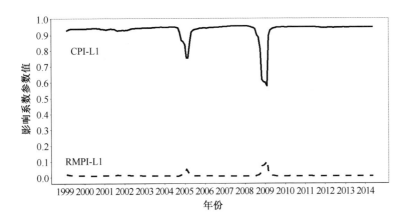

图 6-6　CPI、RMPI 滞后项对 CPI 的影响系数

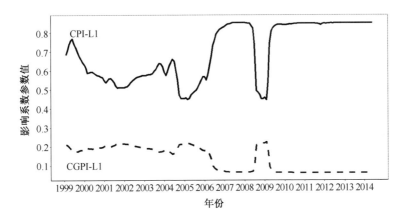

图 6-7　CPI、CGPI 滞后项对 CPI 的影响系数

当在 PPI 与 CPI 的关系中引入 CGPI 之后，CGPI、PPI 滞后项与 CPI 的三元关系方程的估计结果表明，2003 年年初，PPI 滞后项对 CPI 的解释能力已经完全被 CGPI 滞后项与 CPI 滞后项所取代，如图 6-8 所示。

当在 RMPI 与 CPI 的关系中引入 CGPI 之后，CGPI、RMPI 滞后项与 CPI 的三元关系方程的估计结果表明，2003 年年初，RMPI 滞后项对 CPI 的解释能力也完全被 CGPI 滞后项与 CPI 的滞后项所取代，如图 6-9 所示。

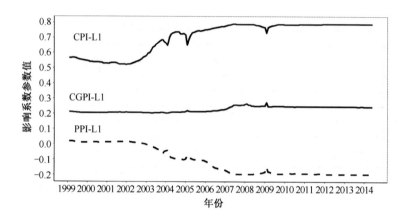

图 6-8　CPI、CGPI、PPI 滞后项对 CPI 的影响系数

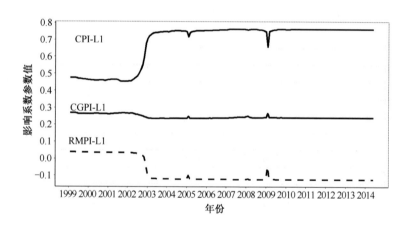

图 6-9　CPI、CGPI、RMPI 滞后项对 CPI 的影响系数

因此，与 PPI 和 RMPI 相比，CGPI 才是对 CPI 最具解释能力的变量，即 CPI 受到来自 CGPI 的最直接影响，如图 6-10 所示为四指数滞后项对 CPI 的影响系数，其中展示的估计结果也证实了这一结论。

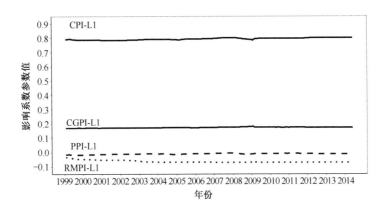

图 6-10　四指数滞后项对 CPI 的影响系数

2）对 CGPI 产生最直接影响的价格指数

同样是采用多元关系检验的方式，对影响 CGPI 的其他价格指数进行分析。如图 6-11 所示，PPI 的滞后项从 2003 年年初开始就对 CGPI 失去了解释能力。如图 6-12 所示，RMPI 滞后项对 CGPI 的正向传导关系存在且基本稳定，仅在 2004 年年末、2008 年年末、2009 年年末与 2011 年年末，由于冲击因素的影响，出现过短期波动。如图 6-13 所示，不存在 CPI 滞后项对 CGPI 的正向影响。当在 RMPI 与 CGPI 的关系中引入 PPI 和 CPI 后，RMPI 依然是最直接影响 CGPI 的价格指数，如图 6-14 所示。因此，本章将 RMPI 对 CGPI 的影响关系保留在核心结构中。

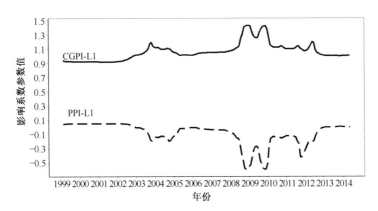

图 6-11　CGPI、PPI 滞后项对 CGPI 的影响系数

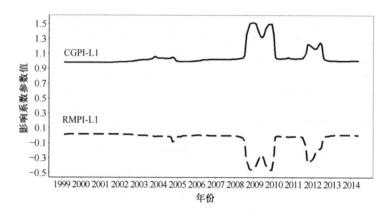

图 6-12　CGPI、RMPI 滞后项对 CGPI 的影响系数

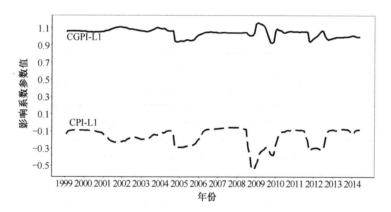

图 6-13　CGPI、CPI 滞后项对 CGPI 的影响系数

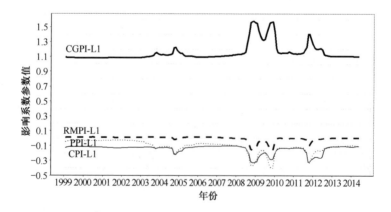

图 6-14　四指数滞后项对 CGPI 的影响系数

3）对 PPI 产生最直接影响的价格指数

图 6-2、图 6-15、图 6-16 分别显示了 CPI、CGPI、RMPI 滞后项对 PPI 的影响，其中不仅 CPI 对 PPI 的反向倒逼关系存在动态演变过程，CGPI 对 PPI 和 RMPI 对 PPI 的影响也在不同程度上存在动态演变过程与局部波动。结合图 6-17 中展示的三元关系可以发现，当在 CPI 与 PPI 的反向倒逼关系中引入 CGPI 后，CPI 对 PPI 时变的反向倒逼关系被 CGPI 取代。相比之下，

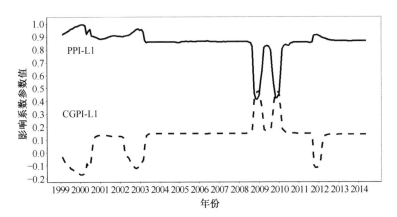

图 6-15　PPI、CGPI 滞后项对 PPI 的影响系数

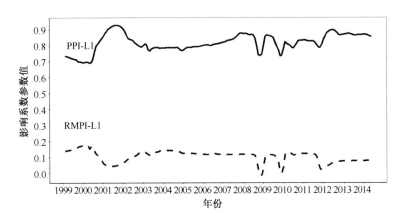

图 6-16　PPI、RMPI 滞后项对 PPI 的影响系数

125

CGPI 滞后项比 CPI 滞后项对 PPI 具有更强的解释能力。进一步通过图 6-18 中的四元关系进行对比分析，可以判断出虽然 CPI、CGPI 和 RMPI 都存在指向 PPI 的影响，但是 PPI 主要受到来自 CGPI 和 RMPI 的直接影响。

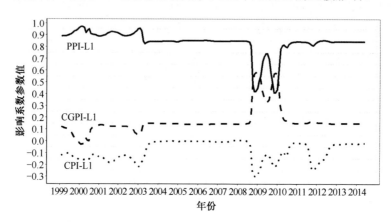

图 6-17　PPI、CGPI、CPI 滞后项对 PPI 的影响系数

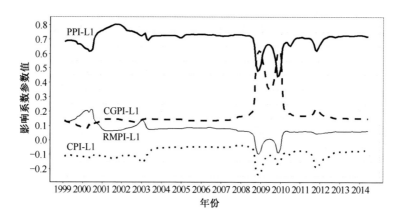

图 6-18　四指数滞后项对 PPI 的影响系数

4）对 RMPI 产生最直接影响的价格指数

如图 6-19～图 6-21 所示为 PMPI、PPI、CGPI、CPI 滞后项对 RMPI 的影响，显然，PPI、CGPI、CPI 都对 RMPI 存在反向倒逼关系，并且其动态演变

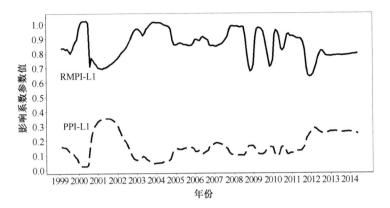

图 6-19　RMPI、PPI 滞后项对 RMPI 的影响系数

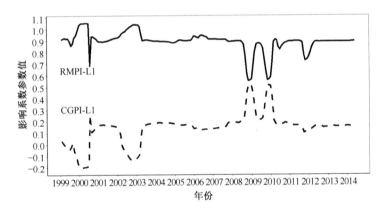

图 6-20　RMPI、CGPI 滞后项对 RMPI 的影响系数

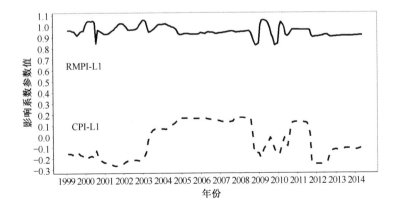

图 6-21　RMPI、CPI 滞后项对 RMPI 的影响系数

过程较为复杂，同时存在局部波动现象。进一步结合三元关系与图 6-22 中呈现的四元关系进行对比分析，可以判断出 RMPI 重点受到来自 CGPI 与 PPI 的直接影响，其中，CGPI 的影响力相对更大。

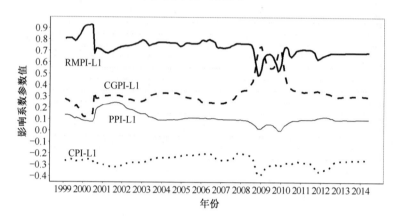

图 6-22　四指数滞后项对 RMPI 的影响系数

综合以上多元关系的对比分析，我们从前述的我国价格传导机制的总体结构中，提取出由 CPI、CGPI、PPI 与 RMPI 之间的直接影响关系组成的，以图形方式表达的我国价格传导机制的四指数核心结构，如图 6-23 所示。将图 6-23 中的四指数核心结构与之前得到的 CPI 与 PPI 的初步分析结论相比，可以发现，PPI 对 CPI 的正向传导关系被 CGPI 对 CPI 取代，这是由于在调查环节和调查方式上，CGPI 与 PPI 具有共同的信息成分，并且 CGPI 更接近 CPI。

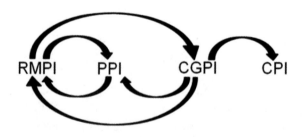

图 6-23　传导机制的四指数核心结构

另外，由于 CCPI 与 CPI 包含同样的需求信息，二者存在共线性，因此 CPI 对 PPI 的反向时变的倒逼关系也被 CGPI 与 PPI 的因果关系取代。考虑到在调查环节和调查方式上，CGPI 与 PPI 具有共同的生产商环节的信息成分，与 CPI 具有共同的表达需求的信息成分，因此，从如图 6-24 所示的传导机制的三指数核心结构中可以看出，价格传导机制的所有关系在事实上都是存在的，只是大多以时变的方式存在，并且在不同的时期由不同的主要因素主导。

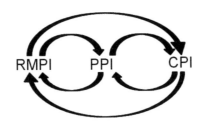

图 6-24　传导机制的三指数核心结构

6.1.5　我国价格传导机制的动态演变过程

1. 动态演变过程中的总体趋势

随着我国经济体制的改革，市场经济活力的增强，开放程度的提高，以及市场物流特点的变化，我国的经济环境也随之改变，部分总体趋势上的改变体现在本节对我国价格传导机制进行多元时变分析所得出的结果中。

首先，PPI 滞后项对 CGPI 的解释能力在 2003 年年初以后逐渐弱化，这说明我国供给不足或供给短缺不再是影响价格的主要因素，这与贺力平等（2008）的观点一致，即需求方面的作用相对大于供给方面的作用。

其次，2006 年开始，除在 2009 年前后的美国金融危机期间，通货膨胀惯性增强。CPI 作为管控通胀过程的主要目标，可以反映居民生活消费品的价格水平，并侧重于反映通胀的情况。2006 年以来，政府采用了多种方式使

CPI 中的多种居民消费品价格保持稳定，同时降低 CPI 受到的外部冲击与上游价格波动的影响，使 CPI 保持在相对稳定的水平。

再次，CGPI 能更多地反映需求变化的情况。CGPI 不但可以取代 CPI 向 PPI、RMPI 传递需求的情况，而且可以在国际贸易的冲击下，最先对外部需求的情况做出反应，并传导给 CPI、PPI 和 RMPI。如图 6-7 所示，在 2009 年前后，CPI 自身滞后项的惯性降低，而 CGPI 对 CPI 的影响系数激增。类似的情况如图 6-15 和图 6-20 所示，CGPI 对 PPI 与 RMPI 的影响系数在 2008 年年末到 2010 年年初两次激增，同时 PPI 与 RMPI 的自身惯性在此期间内相对应地降低两次。

最后，PPI 受 RMPI 的影响有所减弱，即生产过程受成本因素的影响减弱。如图 6-16 所示，2000 年至今，RMPI 对 PPI 的影响系数总体呈缓慢下降趋势，并在 2012 年之后下降到了相对较低的水平。

2. 货币政策因素对不同价格指数的影响

在我国价格传导机制的基础上，货币政策的影响是最重要的动态驱动因素。本节进一步以 Dirichlet-VAR 模型分析 M2 与 CPI、CGPI、PPI、RMPI 之间存在的影响系数。结果如图 6-25～图 6-28 所示，从中可以看出 M2 对 RMPI 的影响系数相对较高，对 PPI 与 CGPI 的影响系数也基本稳定在 0.1 以上，同时对 CPI 也具有稳定的影响系数。更重要的是，与 M2 对 CGPI 和 CPI 的影响力相比，M2 对上游的 PPI 与 RMPI 的影响系数的时变特征加剧，这显示出货币政策对 PPI 与 RMPI 的调控效果更加明显，同时说明我国货币政策的重点依然是以稳定经济增长、平抑外部冲击影响为主。货币政策的调节作用主要作用于 PPI 与 RMPI 的上游环节，这与张成思（2010）的结论相近。

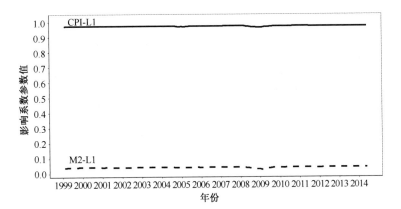

图 6-25　CPI、M2 滞后项对 CPI 的影响系数

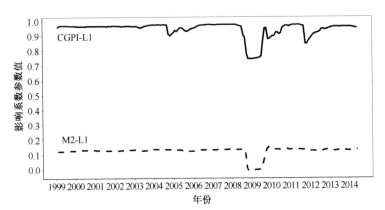

图 6-26　CGPI、M2 滞后项对 CGPI 的影响系数

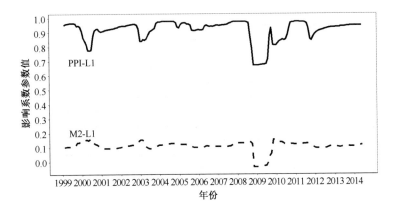

图 6-27　PPI、M2 滞后项对 PPI 的影响系数

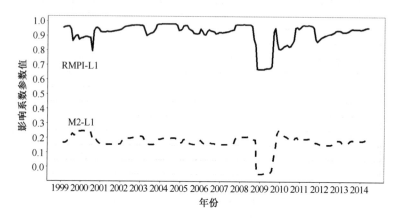

图 6-28　RMPI、M2 滞后项对 RMPI 的影响系数

由于 M2 所代表的以货币供应量为中介目标的货币政策具有滞后性，本节进一步选择 M2 的滞后 24 阶对货币政策的滞后性进行分析，结果显示 M2 对 CPI 与 CGPI 影响系数的均值在滞后 5 阶时达到最大，M2 对 PPI 影响系数的均值在滞后 8 阶时达到最大，M2 对 RMPI 影响系数的均值在滞后 9 阶时达到最大，货币政策的滞后效应显著。另外，反过来考察 CPI、CGPI、PPI、RMPI 对 M2 的影响系数，结果均不明显，这与张成思（2010）的结论一致。

以上是根据 M2 与 CPI、CGPI、PPI、RMPI 之间的二元关系做出的初步分析，接下来将从多元关系的角度，基于价格传导机制的动态演变过程，分析我国货币政策的调控效果。

3. 国际贸易冲击因素的影响与货币政策的调控效果

从我国价格传导机制的核心结构出发，通过 M2 与 CPI、CGPI、PPI、RMPI 组成的多元关系方程，分析货币政策对价格传导机制的影响，重点考察在国际冲击因素的影响下，我国货币政策的调节作用。结合图 6-29 中我国出口额同比增长率的波动情况，总结得出国际贸易冲击对我国价格体系产生影响的传导路径，如图 6-30 所示。同时，如图 6-29 所示，对比 M2 与我国出口额的同比增长率数据可以发现，以 M2 为代表的货币政策对国际贸易冲击影响具有平抑作用。

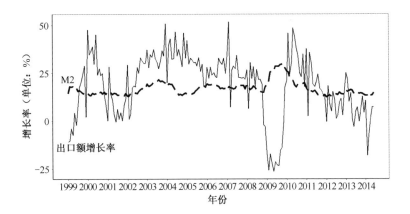

图 6-29　M2 与我国出口额同比增长率

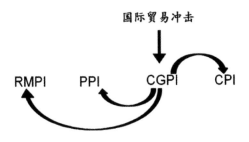

图 6-30　国际贸易冲击的传导路径

从正向传导的方向上来看，并对包含 M2 的正向传导机制的三元关系方程做进一步分析，通过如图 6-31 所示的 CPI、CGPI、M2 滞后项对 CPI 的影响系数可以看出，CGPI 滞后项与 M2 滞后项对 CPI 的影响关系的动态变化，其在形态上保持平行，不存在明显的互动关系。而在图 6-32 中可以看到，在 RMPI 滞后项与 CGPI 的关系中引入 M2 滞后项，也没有对 RMPI 滞后项与 CGPI 的关系产生影响。由此可见，货币政策对上游价格驱动作用的影响与正向传导机制的方向一致。

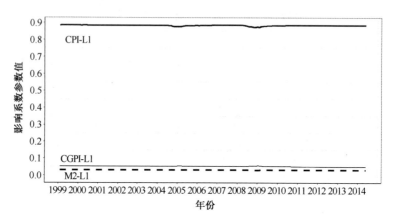

图 6-31 CPI、CGPI、M2 滞后项对 CPI 的影响系数

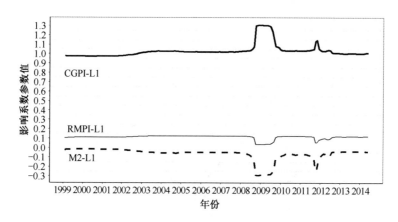

图 6-32 CGPI、RMPI、M2 滞后项对 CGPI 的影响系数

从反向倒逼的方向上来看，在国际冲击因素的影响下，我国价格传导机制受货币政策调控的效果体现在图 6-33 中，通过图中 M2 滞后项与 CGPI 滞后项对 PPI 的影响系数中可以看出，M2 滞后项与 CGPI 滞后项对 PPI 的影响系数中在实证数据选取的时间段内，明显存在相互替代效应。类似的情况也反映在 M2 滞后项、CGPI 滞后项对 RMPI 的影响系数上，如图 6-34 所示。

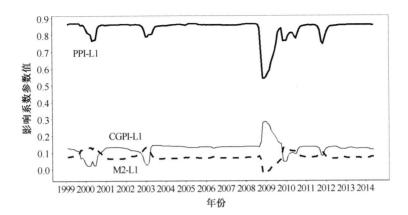

图 6-33　PPI、CGPI、M2 滞后项对 PPI 的影响系数

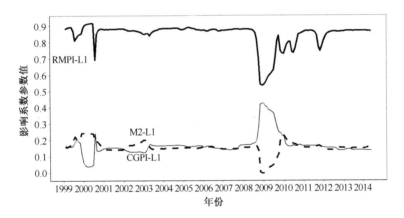

图 6-34　RMPI、M2、CGPI 滞后项对 RMPI 的影响系数

总结货币政策与国际冲击因素的影响，并将引入 M2 后得到的分析结果与图 6-5 中的 RMPI、PPI、CGPI、CPI 的同比数据的走势相结合，不难对比并得出如下结论。

首先，1999 年年末至 2000 年下半年，以及 2002 年中期至 2003 年中期，在这两个时间段内，如图 6-33 与图 6-34 所示，不断增长的 M2 取代 CGPI 拉动了 PPI 和 RMPI 上涨，导致在 2000 年中期与 2003 年年初，PPI、RMPI 和 CPI、CGPI 之间拉开了一定的距离。

其次，2004 年下半年人民币升值、出口下降，从图 6-5 可以看出，2004 年下半年，在价格传导机制的核心结构中，最先反应需求变化的 CGPI 先于其他价格指数转向下跌。

再次，2008 年年末，美国金融危机爆发初期，如图 6-33 所示，M2 滞后项无法阻止 CGPI 滞后项对 PPI 的影响，同时如图 6-34 所示，M2 滞后项也无法阻止 CGPI 滞后项对 RMPI 的影响，直到 2009 年年末，货币政策的滞后效应显现，M2 滞后项超过了 CGPI 滞后项对 PPI 的影响，恢复了对 RMPI 的作用。而在上游价格的成本与生产关系这一层次上，透过图 6-35 中的 M2、RMPI 滞后项对 PPI 的影响系数可以看出，2008 年年末至 2010 年年初，滞后的货币政策效应逐步显现。M2 滞后项对 PPI 的影响力逐渐加强，并于 2009 年年底超过 RMPI 对 PPI 的影响力，平抑了美国金融危机期间，在外部供给冲击影响下 RMPI 对 PPI 的部分影响，并保持其超过 RMPI 对 PPI 的影响力水平至今。相比之下，如图 6-36 所示，M2 滞后项对 RMPI 的影响也在 2009 年年底增强，但依然低于 PPI 滞后项对 RMPI 的影响。

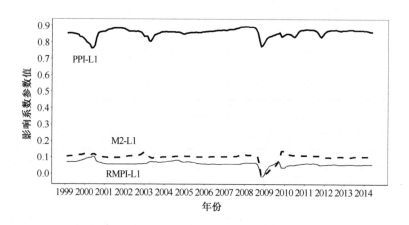

图 6-35　PPI、M2、RMPI 滞后项对 PPI 的影响系数

最后，2010 年年末开始实行相对紧缩的货币政策，M2 的同比增长率下降。如图 6-33 所示，在 2011 年前后，M2 滞后项部分取代和平抑了 CGPI 滞

后项对 PPI 的短期影响，导致 2011 年的 PPI 涨幅低于同期的 CGPI，如图 6-5 所示。

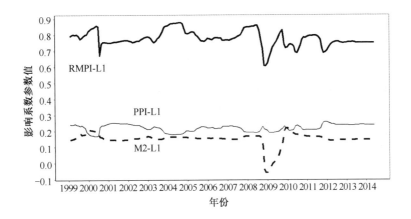

图 6-36　RMPI、PPI、M2 滞后项对 RMPI 的影响系数

由此可见，货币政策因素在我国价格传导机制的动态演变过程中发挥着重要的作用。特别是在经历了国际冲击因素的影响下，货币政策对保持国内相对稳定的经济环境，起到了有效的调控作用。

6.2　需求效应的时变特征分析

6.2.1　CPI 与 PPI 的二元 RTV-VAR 模型

本节从 CPI 与 PPI 的相互影响的角度来分析经济环境中的需求拉动效应。本节选取 1997 年第一季度至 2014 年第三季度我国 CPI 与 PPI 的季度同比增长率数据，建立滞后 1 阶的二元 RTV-VAR 模型，以研究二者时变的因果影响关系。式（6-4）通过 CPI 滞后项系数 $\beta_{i,t}^{\mathrm{PPI\text{-}RIV}}$ 来后验无偏中位数估计值，同时度量 CPI 滞后相对 PPI 的因果影响关系，如果系数为正，就说明存在 CPI 对 PPI 的格兰杰因果关系。另外，式（6-5）代表 PPI 对 CPI 的格兰杰因果关系，即成本推动效应。

$$\mathrm{PPI}_t = \beta_{0,t}^{\mathrm{RTV}} + \beta_{1,t}^{\mathrm{CPI\text{-}RTV}} \mathrm{PPI}_{t-1} + \beta_{1,t}^{\mathrm{PPI\text{-}RTV}} \mathrm{CPI}_{t-1} + \varepsilon_t, \quad \varepsilon_t \sim N(0, \sigma_t^{2\,\mathrm{RTV}}) \quad （6\text{-}4）$$

$$\mathrm{CPI}_t = \beta_{0,t}^{\mathrm{RTV}} + \beta_{1,t}^{\mathrm{CPI\text{-}RTV}} \mathrm{CPI}_{t-1} + \beta_{1,t}^{\mathrm{PPI\text{-}RTV}} \mathrm{PPI}_{t-1} + \varepsilon_t, \quad \varepsilon_t \sim N(0, \sigma_t^{2\,\mathrm{RTV}}) \quad （6\text{-}5）$$

我国 PPI 与 CPI 季度同比增长率数据如图 6-37 所示（本节所用经济指标数据均来源于 Wind 数据库），图 6-38 与图 6-39 分别展示了在计量结果中 CPI 滞后项对 PPI 的影响系数和 PPI 滞后项对 CPI 的影响系数的估计值。如图 6-38 所示，我国的 CPI 滞后项对 PPI 的影响系数在 2003 年后总体为正，并且在 2008 年前保持在 0.3 的较高水平。在 2009 年前后与 2012 年之后，其受到国际外部需求减弱的影响而无法体现在二元因果关系上。如图 6-39 所示，我国 PPI 滞后项对 CPI 的影响系数在 2003 年前均大于 0，即存在 PPI 对 CPI 的成本推动效应，这种成本推动的供给效应随着我国生产力呈现出规模效应与融入世界经济的深入过程而逐步削弱，只在 2008 年前后与 2011 年受到外部因素的短期冲击时显现。

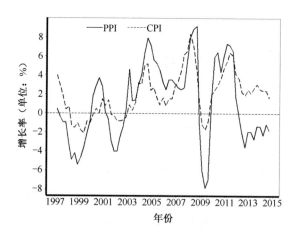

图 6-37　我国 PPI 与 CPI 季度同比增长率数据

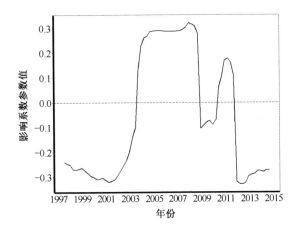

图 6-38　CPI 滞后项对 PPI 的影响系数

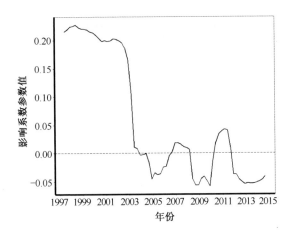

图 6-39　PPI 滞后项对 CPI 影响的系数

6.2.2　考虑外部需求影响下的需求拉动效应

由于出口占 GDP 的比重较高，外需因素对我国经济的影响较大，为进一步检验我国经济的需求拉动效应，我们有必要将体现外部需求形势的中国外贸出口总额增长率，加入 CPI 与 PPI 的区制时变 VAR 模型之中，组成三元的区制时变 VAR 模型，以检验在考虑外部需求的影响下会产生的需求拉动效应。

通过三元区制时变模型对如图 6-40 所示的，1997 年第一季度至 2014 年第三季度我国 PPI、CPI 的同比增长率与出口增长率的季度数据进行分析，得到如图 6-41 所示的 CPI 滞后项与出口增长率滞后项对 PPI 的影响系数，以及如图 6-42 所示的 PPI 滞后项与出口增长率滞后项对 CPI 的影响系数。从图 6-40 中可以看到，如果考虑并剔除外部需求因素的影响，我国的 CPI 滞后项对 PPI 的影响系数长期保持在 0.1 以上，而且在 2008 年前一直保持上升趋势，直到

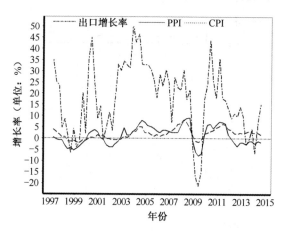

图 6-40　PPI、CPI 与出口增长率

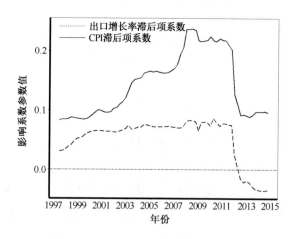

图 6-41　出口增长率滞后项与 CPI 对 PPI 的影响系数

2012 年左右才调整到接近 2003 年左右的水平，但依然稳固在 0.1 左右。通过与图 6-39 的结果进行对比发现，CPI 对 PPI 的需求拉动效应受外部需求变动的影响，在出口增速放缓与外部需求相对减弱的情况下，内部需求拉动效应的作用效果也受到了影响。因此，在 CPI 与 PPI 的二元模型中引入出口增长率后，计量结果就可以还原这部分被外部需求冲击抵消的内部需求效应。

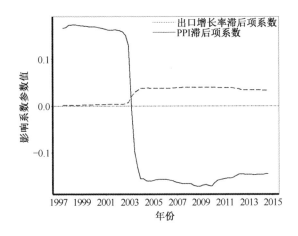

图 6-42 出口增长率滞后项与 PPI 对 CPI 的影响系数

另外，从图 6-42 中还可以看出，2003 年以后，我国的 PPI 对 CPI 失去了影响力。相比之下，2003 年以后，我国的 CPI 在一定程度上受到来自出口增长率的影响。这说明在中国经济加速融入世界之后，伴随国际贸易额的增长，CPI 也持续受到外部需求变动的影响。

6.2.3 考虑货币投入变化影响下的需求拉动效应

我国经济发展曾经长期依赖投资拉动效应。2008 年以后，我国曾经实施适度宽松的货币政策，随后转为实施稳健的货币政策，由此可见，货币投入的变化对经济的影响作用不容忽视。在投资、出口与消费拉动的经济增长模式下，我们有必要结合以 M2 增长率为代表的货币投入情况，对 CPI 与 PPI 之间存在的需求拉动效应进行分析。

我们选取图 6-43 中的 1997 年第一季度至 2014 年第三季度，中国 M2 增长率、CPI 与 PPI 滞后项的同比增长率的季度数据，组成三元区制时变模型进行分析，得到如图 6-44 所示的 CPI 滞后项与 M2 增长率滞后项对 PPI 的影响系数，以及如图 6-45 所示的 PPI 滞后项与 M2 增长率滞后项对 CPI 的影响系数。

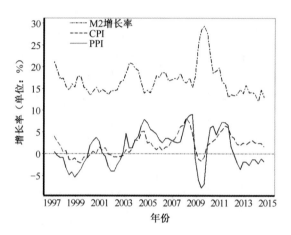

图 6-43　CPI、PPI 与 M2 滞后项增长率

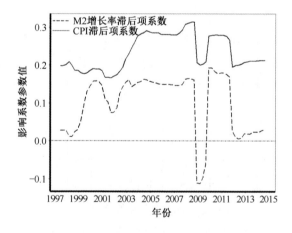

图 6-44　M2、CPI 滞后项对 PPI 的影响系数

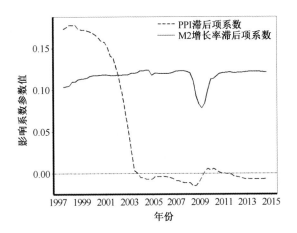

图 6-45　PPI、M2 滞后项对 CPI 的影响系数

对比图 6-44 与图 6-38 可以发现，如果剔除货币投入变化因素的影响，那么我国的 CPI 滞后项对 PPI 的影响系数长期保持在 0.2 以上，而且在 2008年之前一直保持上升趋势。但是在 2009 年前后和 2012 年至今，即使剔除了货币增速放缓的影响，CPI 对 PPI 的拉动作用也下降到了接近 2003 年左右的水平。由此可见，2012 年至今，在外部需求下降与相对谨慎的货币政策环境下，我国经济的内部需求拉动效应虽然在持续发挥作用，但其水平有所下降。另外，如图 6-45 所示，2003 年以后，我国的 PPI 失去了对 CPI 的影响力，这与图 6-39、图 6-42 呈现的结果相近。图 6-45 中展示的 M2 增长率滞后项系数的变化也说明了我国的 CPI 长期受到货币增速变化的影响，货币政策可以发挥有效的调控作用。

6.2.4　考虑生产成本因素影响下的需求拉动效应

从生产成本的角度考虑，CPI 与 PPI 都与原材料和能源的价格相关，在研究 CPI 所代表的消费需求对 PPI 的影响时，特别是在国际能源价格波动的情况下，我们有必要考察生产成本因素的影响。本节在 CPI 与 PPI 的关系中引入工业企业原料、燃料与动力购进价格指数（PPIRM），选取如图 6-46 所示的 1999 年第一季度至 2014 年第三季度的 PPIRM、CPI 与 PPI 同比增长率的季度数据，并通过三元区制时变模型进行分析，检验在考虑成本波动影响的情况下会产生的需求拉动效应。

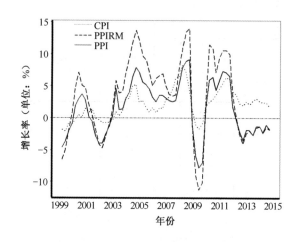

图 6-46　CPI、PPI 与 PPIRM 增长率

　　如图 6-47 所示，PPIRM 滞后项对 PPI 的影响系数一直保持在 0.5 以上，这说明 PPIRM 对 PPI 的影响很大。相比之下，图 6-48 中展示的 PPIRM 滞后项对 CPI 的影响虽然也很稳定，但远低于 PPIRM 滞后项对 PPI 的影响系数。最重要的是，通过对比图 6-47 与图 6-38 后发现，在 CPI 与 PPI 的二元区制时变模型中引入 PPIRM 之后，CPI 对 PPI 的影响系数，即图 6-47 中的 CPI 滞后项系数与图 6-38 中的结果总体相近，只有在 2008 年前后略高于图 6-47 中的结果。这说明在 2008 年前后，CPI 对 PPI 的拉动效应的一部分被 PPIRM 所代表的成本因素所带来的影响抵消了，在引入 PPIRM 后，这部分效应又被还原了。另外，在引入 PPIRM 后，将图 6-48 与图 6-39、图 6-42 和图 6-45 中的结果相比，在 2003 年之前，PPI 对 CPI 的影响作用也消失了。这说明在 2003 年之前，PPI 滞后项对 CPI 的影响源于 PPIRM 所代表的成本因素。

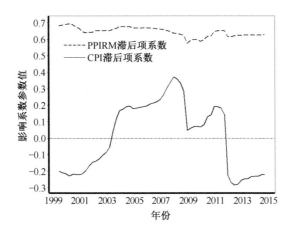

图 6-47　PPIRM、CPI 滞后项对 PPI 的影响系数

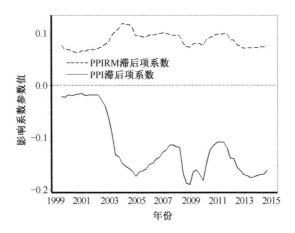

图 6-48　PPIRM、PPI 滞后项对 CPI 的影响系数

6.2.5　综合考虑外需与货币投入变化影响下的需求拉动效应

考虑外部需求波动与货币投入变化对需求拉动效应的影响，接下来通过四元区制时变模型，对 1997 年第一季度至 2014 年第三季度的中国 M2 增长率、出口额增长率、CPI 与 PPI 的同比增长率数据进行分析，可以得到如图 6-49 所示的出口、M2 与 CPI 对 PPI 的影响系数。从 CPI 滞后项系数上可以看到，随着我国深化改革与经济结构调整，以消费为代表的内需拉动效应

不断提高。直到 2008 年美国金融危机爆发之后，这种需求拉动效应有所回调。在其后的宽松的货币政策时期，在投资拉动效应拉升的同时，需求效应也被带动。直到 2012—2014 年，在持续保持稳健型货币政策的环境下，需求效应明显下降。从出口增长率滞后项系数上可以看到，虽然我国的国际贸易额多年来保持快速增长的势头，但是随着内部需求的稳健增长，对外部需求的依赖性自 2005 年开始保持下降的趋势。

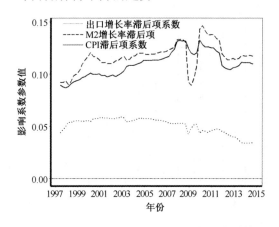

图 6-49　出口、M2 与 CPI 对 PPI 的影响系数

通过对上述多元 RTV-VAR 模型进行分析，并结合前述二元 RTV-VAR 模型的分析结果可以发现，在我国经济增长方式转变与产业结构升级的背景下，需求拉动效应具有显著的动态变化特征，并且易于受到外部需求变动的影响，不易受到生产成本因素的影响，其对货币投入的变化比较敏感。

6.3　供给效应的时变特征分析

6.3.1　生产者价格指数的结构性分化

本节选取 2001 年 1 月至 2015 年 12 月的价格指数进行实证分析，并且以增加 PPI 价格指数的结构视角，引入 PPI 生活资料价格指数 PPI-H 和生产

资料价格指数 PPIC，使用 RTV-VAR 模型进一步深入分析价格指数之间的因
果关系。从如图 6-50 所示的 CPI 滞后项对 PPI 的影响系数中可以看到，除了
在 2009 年前后受到冲击，CPI 对 PPI 的拉动作用在 2012 年前后就呈现出与
2003 年之前类似的失效状态。以 PPI 的结构视角分别检验 CPI 对 PPI-H、
PPI-C 的因果关系，在图 6-51 中可以观察到，CPI 对 PPI-H 的拉动作用相对
稳定，同时 CPI 对 PPI-C 的拉动作用与 CPI 对 PPI 的相近。这说明需求效应
并未在 2012 年之后失效，而是继续体现在 PPI 的生活资料部分。生产资料价
格受多种因素影响，与生活资料价格持续出现结构性背离。

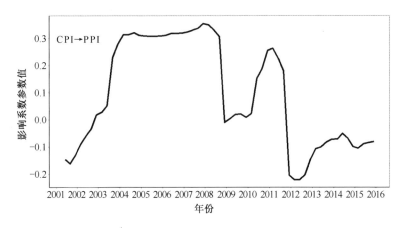

图 6-50　CPI 滞后项对 PPI 的影响系数

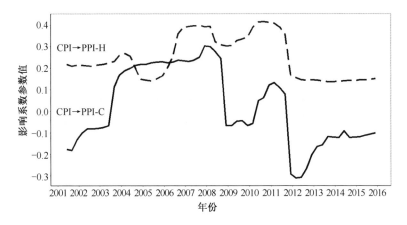

图 6-51　CPI 滞后项对 PPI-C 和 PPI-H 的影响系数

考察中游的 CGPI 对 PPI 的拉动作用，如图 6-52、图 6-53 所示，需求拉动效应持续稳定，对 PPI-C 和 PPI-H 的拉动作用持续稳定。这说明真实需求依然强劲，需求效应依旧显著。

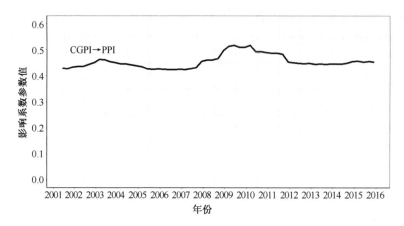

图 6-52 CGPI 滞后项对 PPI 的影响系数

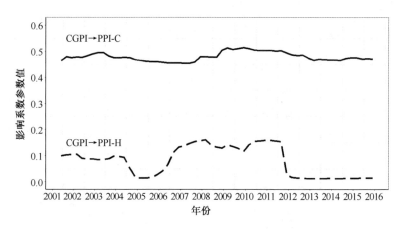

图 6-53 CGPI 滞后项对 PPI-C 和 PPI-H 的影响系数

6.3.2 供给效应的时变分析

从供给侧来分析，以 PPI 滞后项对 CPI 的影响系数来分析我国经济的供给效应。从图 6-54 和图 6-55 所示的结果中可以看到，2003 年以来，PPI-H 滞后项对 CPI 始终存在高波动或低波动的影响，这说明 PPI 滞后项对 CPI、PPI-C 滞后项对 CPI 的成本推动作用失效，这是由于我国社会消费能力的增长，以及供给能力的提升、经济体量的增大，使 CPI 不再受制于 PPI 指标成分中生产环节的生产资料价格的影响。从供给侧来分析，PPI-H 对 CPI 的供给效应受各种其他因素的影响而波动。

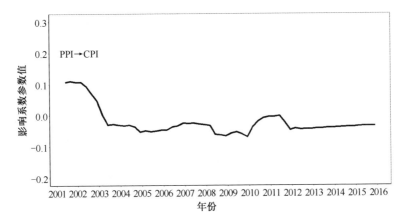

图 6-54　PPI 滞后项对 CPI 的影响系数

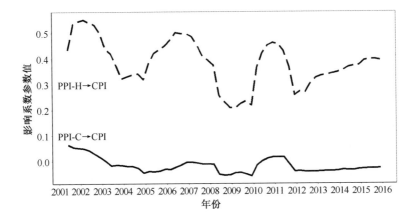

图 6-55　PPI-C 和 PPI-H 滞后项对 CPI 的影响系数

从成本推动的角度来看，以 RMPI 滞后项对 PPI 的影响系数分析成本效应对我国经济的影响。从图 6-56 和图 6-57 所示的结果中可以看到，RMPI 滞后项对 PPI 和 PPI-C 都持续存在较高的影响系数，这说明在生产资料环节，我国经济对外部成本的依赖程度较高。相比之下，在生活资料环节，RMPI 滞后项对 PPI-H 的影响要低得多，这说明在生活资料方面，价格受供给的约束较低。国际原油价格的下降对我国生产资料价格的影响显著高于对生活资料价格的影响，因此，在应对价格问题时，不可忽视外部冲击的影响。

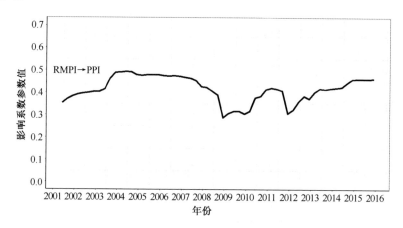

图 6-56　RMPI 滞后项对 PPI 的影响系数

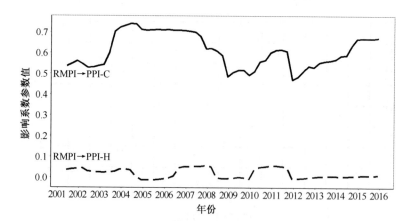

图 6-57　RMPI 滞后项对 PPI-C 和 PPI-H 的影响系数

6.3.3　货币效应的时变分析

需求与供给效应的实证分析，从价格传导机制的角度进一步证实了我国当前的低通胀形势主要受生产环节的生产力因素影响，同时真实需求稳固、外部传导等因素综合导致 PPI 与 CPI 的"背离"。本节从货币供应的角度来分析，度量 M2 滞后项分别对 CPI 和 PPI 的影响系数，结果如图 6-58 所示，除了 2009 年前后，M2 与 CPI 和 PPI 分别具有稳定的影响关系。M2 滞后项对 PPI 的影响系数在 2012 年之后明显降低，如图 6-59 所示，M2 滞后项对 PPI-C 的影响系数在 2014 年之后快速下降。根据"生产力标准"理论，生产力导致的价格变化不需要被抵消，否则经济主体可能会误以为真实需求下降了，从而导致价格水平普遍下降。特别是结合当前全球货币流通速度下降的背景，我国急需调整货币政策，以此稳定生产环节价格，为产业升级与结构调整提供稳定有利的经济环境。

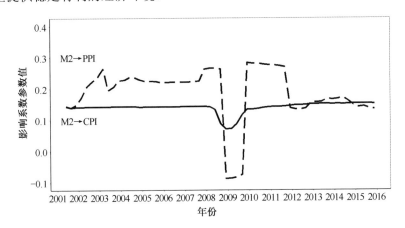

图 6-58　M2 滞后项对 CPI 和 PPI 的影响系数

借助多元关系的对比分析，我们可以从错综复杂的总体结构中提取出我国价格传导机制的核心结构，从中发现 CGPI 在反映需求与供给关系过程中具有重要性，并进一步根据时变关系的分析结果揭示不同价格指数之间影响关系的动态演变过程，总结我国经济环境变化的总体趋势。总体趋势包括需求方面的作用已经相对大于供给方面的作用，并可通过 CGPI 将需求的变化及时传导给上下游环节。我国居民生活消费品价格的稳定性已显著增强，相比中上游的价格指数，其具有更高的惯性。我国生产过程受能源、材料等成本因素的影响已减弱。通过进一步将货币政策因素纳入多元关系并进行时变分析，可以挖掘出货币政策对价格传导机制的影响关系，特别是在受国际冲击因素影响的情况下，我国货币政策的调控效果不断显现，适时平抑了外来的供给冲击与需求变化带来的不利影响。

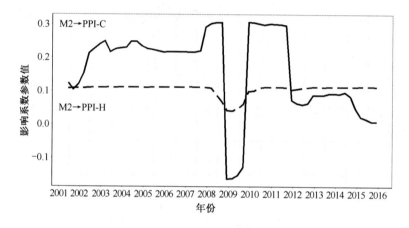

图 6-59　M2 滞后项对 PPI-C 的影响系数

6.4　本章小结

本章将价格传导机制的研究工作，推进到可监控其短期时变动态过程的水平，为进一步辅助决策与优化货币政策的调控效果提供了有力支持。价格体系传导机制的实证分析表明：在我国经济长期快速增长的同时，需求效应具有时变的特征，曾经偏重投资拉动、过多依赖出口的情况不断改善，内需消费逐渐成为更重要的经济增长方式。

在经济增长方式的转变过程中，虽然我国的内需拉动效应长期有效，但在 2012 年后出现的相对减弱的现象反映出其易受外部需求变动的影响并产生波动。我们通过需要适时、适度的货币政策调节和投资效应的推动来保证经济的稳定增长，这有利于进一步优化产业结构与推进经济增长方式转变。我国经济消费需求拉动效应长期持续存在，其受外部需求的影响有所减弱，因此有必要通过货币政策进行调节，积极稳固和扩大总需求。成本效应长期持续存在，外部供给冲击不容忽视，生产环节的价格调整符合"生产力标准"理论，有助于推动供给侧结构性改革。同时，要发挥产业结构调整的作用，良性的通货紧缩有利于产业升级与结构调整，适度放松的货币政策有助于抵消生产力提升与外部冲击的影响。上述措施的实行有助于在适度扩大总需求的同时，保证供给侧结构性改革的顺利实施。

伴随我国市场经济体系的完善、国际合作的深入、产业结构调整的推进，以及宏观调控体系与货币政策工具的发展，我国的价格传导机制显现出更加复杂的动态演变特征。因此，在监控经济运行和制定宏观调控政策的过程中，我们既要掌握价格传导机制长期稳定存在的核心结构，把握传导机制的总体结构，又要考虑价格传导机制的短期时变动态特征，以此提高管理经济运行的能力，并提升政策制定的水平和效率。

第 7 章

股票市场泡沫的实证检验①

---

① 本章部分成果发表在刘洋、刘达禹、王金明撰写的《西安交通大学学报（社会科学版）》（2018 年第 5 期）的文章上。

7.1　模型选择的经济含义

有效市场假设理论认为投资者是理性的，市场价格能够充分反映信息。然而在现实中，受过度乐观、避险情绪和从众心理等因素的影响，投资者通常难以做到绝对理性。无论是理论研究层面还是现实意义方面，都迫切地需要我们从投资者行为的视角出发，探讨资产价格泡沫周期性演化的形成机理，进而厘清投资者顺周期行为与资产价格泡沫间的联动关系。在股市泡沫的实证研究问题中，不同资产价格泡沫的模型选择，对应不同的经济含义，本章基于贝叶斯计量经济学的非参数方法来进行实证检验。

7.2　资产价格泡沫的文献评述

资产价格泡沫反映了资产价格偏离其内在价值的程度。最初的理性泡沫理论重点研究外生因素导致泡沫的原因。基于理性泡沫理论扩展的内生泡沫模型，开始关注源于资产内在价值等基本经济因素导致的泡沫变化，研究资本市场价格对内在价值的过度反应。理性泡沫作为有效市场价格与内在价值的短期偏离，在资产价格与内在价值保持协整关系的条件下，以平稳序列的方式持续存在。当资产价格背离协整关系时，不可持续的投机性泡沫将以爆炸性过程的方式破灭。Evans（1991）根据理性泡沫理论，提出资产价格泡沫将在稳定发展、加速增长和爆炸性破灭三个典型过程中周期性转换。这一扩展的周期性破灭泡沫模型，为计量泡沫现象提供了经典的计量模型框架。而在理论研究层面，为了更好地解释资本市场中的泡沫现象，学者们逐渐从有效市场理论转向行为金融理论来寻找资产价格泡沫变化规律的结构性解释。

随着行为金融学的发展，不断地对股票价格与其内在价值的偏离做出更加符合实际的解释。阿克洛夫和席勒（2014）发展了动物精神理论，认为由动物精神（或者说自然本能）驱动的集体非理性行为导致了资产价格泡沫，其明显表现是，当市场出现问题时，恐慌情绪将引致投资者的集体顺周期性行为，进而加剧股价的波动。林树和俞乔（2010）的行为金融学实验结果也发现，在价格上涨和下跌的不同市场条件下，交易行为的"非理性"和"过分理性"具有显著的非对称性。其中，在顺周期行为模式下，投资者根据经济景气信号形成个体最优的一致行动，其加总后的"合成谬误"导致个体风险演变为整体系统性风险。姚树洁和罗丹（2008）认为投资者的心理因素是2006—2007年我国资本市场泡沫的主导推力。龚刚和魏熙晔（2014）强调情绪的蔓延会造成资产价格的异动，并建议将投资者情绪作为政策决策的重要考量。显而易见，投资者个体情绪的集体性波动是顺周期投资行为和资产价格泡沫产生的重要原因。

伴随着泡沫理论的发展与新泡沫事件的发生，泡沫状态检验的计量方法也在飞速发展。从研究股价和分红之间关系的角度出发，经典单位根泡沫检验方法首先被采用。然而，有模拟实验证实经典单位根泡沫检验方法无法识别周期性破灭泡沫的爆炸性特征。为了克服这种"泡沫检验陷阱"问题，学者们不断寻求对经典单位根泡沫检验方法的扩展。

一方面，扩大假设检验的范围，逐渐形成了与单位根相关的过程体系。

邓伟和唐齐鸣（2014）总结了滞后项系数与单位根相关过程的对照关系。简言之，当滞后项系数小于1时，属于"平稳性过程"；当滞后项系数处于1附近时，属于"近单位根"或"中度偏离"单位根过程；如果滞后项系数明显大于 1，则说明泡沫进入了"爆炸性过程"。

另一方面，扩展计量模型的先验假设为非线性假设条件，以便分析泡沫的演变过程。

需要指出，尽管行为金融学理论和泡沫计量方法都得到了发展，但依然鲜有文献将行为金融学的理论解释与泡沫计量方法进行结合应用。鉴于此，本书将在市场情绪理论的基础上，构建股市周期性破灭泡沫的无限状态 Markov 区制时变 ADF（RTV-ADF）单位根相关过程检验，利用混合分层结构 Gibbs 抽样算法，实现模型参数的贝叶斯非参数估计，从而在对资本市场泡沫周期性破灭现象进行理论阐释的同时，寻找到相应的实证支持。

我们一般认为，理性泡沫可以长期存在，而投机性泡沫不可持续，单位根检验用分析泡沫是否破灭来区分泡沫的性质。而单位根相关过程检验，将对泡沫性质进行识别，提高对泡沫破灭方式的区分精度。即便是处于平稳性区间的理性泡沫，也可能出现温和或激烈的收缩特征，所以必须实现更进一步的识别。

本书在单位根相关过程的框架下，对 ADF 方程进行扩展。从式（7-1）扩展为式（7-2）的形式，将计量分析的重点从估计式（7-1）中 β_{S_t} 系数大于 0 的概率，转为计量式（7-2）中的泡沫滞后项系数 ρ_{S_t} 的时变动态。结合 Fox 等（2011）的 Sticky HDP-IHMM 模型，构建由式（7-2）到式（7-3）组成的 RTV-ADF 贝叶斯非参数方法。采用刘洋和陈守东（2016）提出的混合分层结构的 Gibbs 抽样算法，通过 MCMC 方法得到式（7-2）中滞后项系数的后验中位数估计。通过时变的滞后项系数后验中位数估计，识别泡沫的状态，考察市场情绪的动态变化。

$$\Delta B_t = \psi_{S_t} + \beta_{S_t} B_{t-1} + \sum_{i=1}^{m} \phi_{i,S_t} \Delta B_{t-i} + \varepsilon_t, \ \ \varepsilon_t \sim N(0, \sigma_{S_t}^2) \tag{7-1}$$

$$B_t = \psi_{S_t} + \rho_{S_t} B_{t-1} + \sum_{i=1}^{m} \phi_{i,S_t} \Delta B_{t-i} + \varepsilon_t, \ \ \varepsilon_t \sim N(0, \sigma_{S_t}^2) \tag{7-2}$$

$$S_t \mid \psi_j, \rho_j, \phi_{1,j}, \cdots, \phi_{m,j}, \ \sigma_j^2 \sim \text{Skicky HDP-HMM} \qquad (7\text{-}3)$$

式（7-3）中的区制状态 S_t 服从 Sticky HDP-HMM 随机过程。在实证分析中执行预烧期 10000 次，模拟 50000 次的 MCMC 过程来计算参数的后验中位数。

单位根过程理论通过区分自回归过程能否持续下去来区分泡沫的性质，而单位根相关过程则通过区分自回归过程未来的变化趋势，来考察泡沫是以何种方式破灭的。在爆炸性过程中，远大于 1 的滞后项系数代表投机性泡沫无法持续，泡沫加剧后以激烈的方式爆炸性破灭，即时间序列短期内完全脱离了自回归过程。平稳过程的滞后项系数反映了市场情绪的稳定性，体现了当期泡沫与上一期泡沫的持续相关性。平稳性"中度偏离"单位根和平稳性"近单位根"虽然都属于平稳性过程，但具有接近单位根的自我强化特点，市场情绪波动容易导致理性泡沫在扩张后的缓慢收缩。单位根过程、爆炸性"近单位根"过程、爆炸性"中度偏离"单位根过程和爆炸性过程，对应激烈程度依次增强的投机性泡沫破灭过程。前两种投机性泡沫破灭时，自回归系数迅速坍塌，但自回归过程依然有效；后两种投机性泡沫破灭时，激烈的爆炸过程可以在短期内完全脱离自回归过程。

7.3　中国股市的实证分析

7.3.1　数据处理与模型选择

本书以 t 时期未来 12 个月的分红贴现之和，作为股票内在价值的衡量指标。滞后期模型选择结果说明，我国股市的股价变动最可能对上市公司未来 3 个月的分红增长具有预测能力，并对过去 9 个月的分红增长做出反应。如图 7-1、图 7-2 所示，上证 A 股指数同比增长率与滞后 9 期的分红同比增长率数据在趋势上基本一致。另外，如图 7-3 和图 7-4 所示，滞后 9 期的最佳模型选择结果也同样适用于深证 A 股。

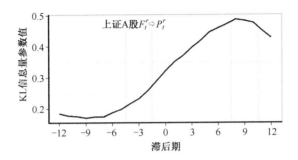

图 7-1　上证 A 股的模型选择

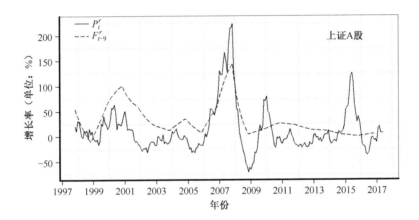

图 7-2　上证 A 股股价与滞后 9 期分红

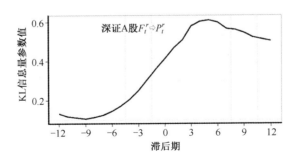

图 7-3　深证 A 股的模型选择

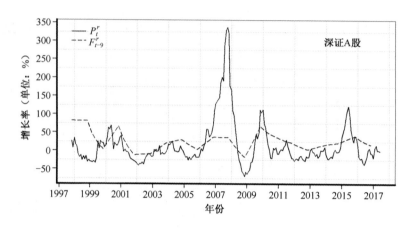

图 7-4　深证 A 股股价与滞后 9 期分红

因此，本章构建实证模型来考察我国股市股价上涨与分红增长之间的长期均衡和短期背离关系。通过式（7-2）中滞后项系数的后验中位数，对市场情绪与周期性破灭泡沫进行实证分析。

7.3.2　市场情绪与周期性破灭泡沫特征分析

1. 沪深股市的总体分析

首先，我们计算了上证 A 股指数的同比增长率和滞后 9 期分红同比增长率，随后通过作差计算得到代表上证 A 股的泡沫指标。如图 7-5 虚线所示，在 2007 年、2009 年和 2015 年股指快速上涨过程中，股价上涨比率超过了分红增长，上证 A 股体现出乐观的市场情绪。2015 年资产价格巨幅震荡期间，投资者乐观情绪最为凸显。而观察如图 7-5 实线所示的滞后项系数可以看出，其始终保持在 0.98 的虚线以下，表明上证 A 股泡沫序列为平稳性过程。即便是在 2007—2009 年股指剧烈震荡期间，上证 A 股总体的股价波动仍未与分红增长变动背离。

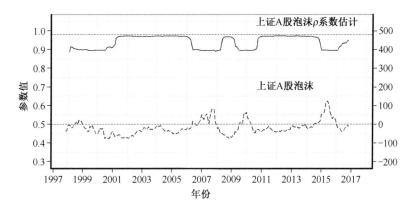

图 7-5　上证 A 股泡沫及其滞后项系数

结合市场情绪变化不难发现，上证 A 股泡沫的滞后项系数随着市场情绪变动呈现出明显的双区制转换特征。在悲观情绪下，滞后项系数较高，说明悲观情绪的持续性较强，不易扭转；在乐观情绪下，较低的滞后项系数说明乐观的市场情绪不易持续。当资产价格上涨时，基本面交易者与趋势交易者受不同估值方式驱使，产生明显不同的操作行为，导致乐观情绪的持续性大幅降低。相反，当资产价格下跌时，受避险情绪的驱使，基本面交易者和趋势交易者的行为都会极为审慎，使二者的操作行为几近一致，进而导致悲观情绪的持续期大幅延长。

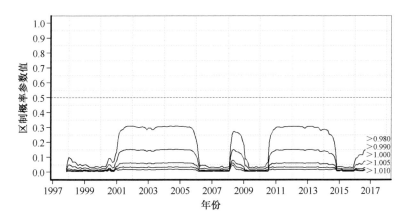

图 7-6　上证 A 股泡沫及其滞后项系数区制概率

深证 A 股的市场情绪走势和滞后项系数变化如图 7-7 所示，其波动幅度与上证 A 股明显不同。由图 7-6 所示的滞后项系数区制状态率，确认股价处于平衡性区间。2006 年 10 月至 2007 年 10 月，深证成分 A 股指数震荡期间，滞后项系数曾逼近虚线所示的 1.01（得到图 7-8 的滞后项系数区制状态概率的确认）。说明深证 A 股泡沫在这一时期以爆炸性"中度偏离"单位根过程破灭。在 2007 年 10 月出现爆炸性"中度偏离"单位根过程之后，滞后项系数的急速减小说明短期内自回归过程难以维系，体现出激烈的投机性泡沫爆炸性破灭特征。相比之下，2014 年 6 月至 2015 年 9 月，深证成分 A 股大起大落时期的市场情绪却始终平稳。图 7-8 的滞后项系数区制状态概率也确认处于平稳性区间，说明 2015 年深成指的巨幅震荡，其本质依然是高市盈率

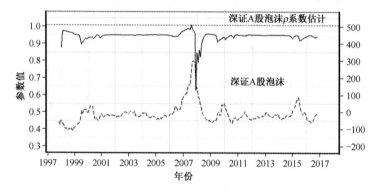

图 7-7 深证 A 股泡沫及其滞后项系数

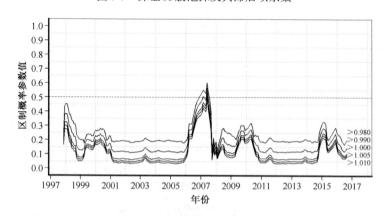

图 7-8 深证 A 股泡沫及其滞后项系数区制概率

股票向自身基本面价值的理性回归,并非资产价格泡沫的炸裂。深证 A 股在 2007 年 10 月出现过投机性泡沫爆炸过程,市场情绪的稳定性弱于上证 A 股。2010 年以后,沪深股市的股价上涨与分红增长的均衡关系日趋稳定。

2. 沪深股市的结构性分析

为了考察沪深股市泡沫的结构性特征,本书从成长性和业绩确定性的角度,分别选取上证 50 指数、高市盈率股指数、绩优股指数和微利股指数进行分析。上证 50 指数代表规模大、流动性好、业绩稳定的非成长型权重股。高市盈率股指数代表成长型题材股,它由过去 4 个季度市盈率最高的 200 只股票组成(剔除了亏损股以及市盈率高于 500 的股票)。绩优股指数和微利股指数代表不同业绩表现的公司群体。绩优股指数由沪深两市每股收益最大的 100 只股票组成。微利股指数由沪深两市每股收益最小(净利润大于 0)的 100 只股票组成。动物精神理论认为,投资者对过去价格变化的反应,可能会反馈到同方向更大的价格变化上。这种从"价格到价格的反馈"将引起持续性变化,直到预期改变。

观察权重股与成长股之间的结构性差异。从股价与分红关系来看:在 2007—2008 年股价异常波动之后,上证 50 成分股分红增长放缓,如图 7-9 所示。高市盈率股的分红增长在 2010 年也转向下滑,如图 7-10 所示。2010—2013 年的基本面疲软助推市场情绪陷入悲观,权重股和题材股的价格表现双双低于基本面预期。2013—2015 年,高市盈率股分红增长的回升带动了成长股的股价上涨,市场对成长股的乐观预期转变明显先于权重股。

从泡沫周期性破灭特征来看,非成长股和成长股存在结构性分化。如图 7-11 所示,虽然上证 50 泡沫滞后项系数与上证 A 股指数的计量结果在形态上相近,但是上证 50 泡沫滞后项系数常处于 0.98～0.99(平稳性"中度偏离"单位根过程),图 7-12 的泡沫滞后项系数区制状态概率确认了这一点。这说明上证 50 股的价格波动依然具有理性泡沫稳定发展、加速增长和最终收缩的温和周期性破灭特征。

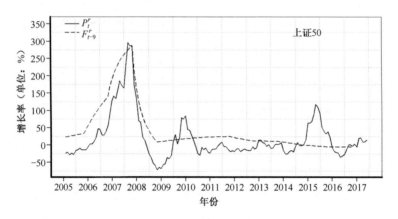

图 7-9　上证 50 股价与分红

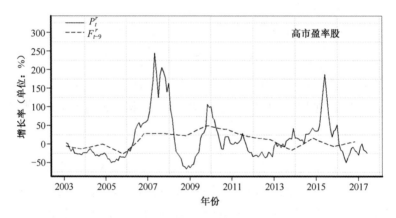

图 7-10　高市盈率股价与分红

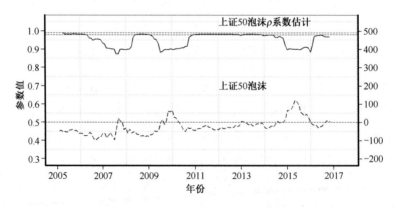

图 7-11　上证 50 股泡沫滞后项系数

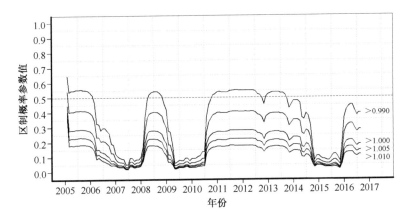

图 7-12　上证 50 泡沫滞后项系数区制概率

与投机性泡沫爆炸性破灭过程不同的是，这种泡沫将以温和的方式收缩，其长期持有的损失将接近泡沫破灭过程，需要高度重视并加以防范。相比之下，高市盈率股泡沫滞后项系数在 2007 年和 2015 年曾两度出现"爆炸性过程"（见图 7-13），如图 7-14 所示的泡沫滞后项系数区制状态概率确认了这一点。成长股将以更激烈的方式先于权重股完成泡沫破灭过程，随后再进入新一轮的周期性泡沫过程。与深证 A 股在 2007 年 10 月出现过的爆炸性"中度偏离"单位根过程相对比，"爆炸性过程"体现出更加激烈的爆炸性特点。这也反映了当市场情绪过度悲观时投资者对成长股的整体放弃。

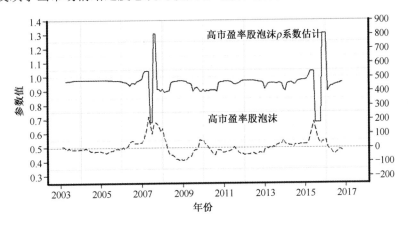

图 7-13　高市盈率股泡沫滞后项系数

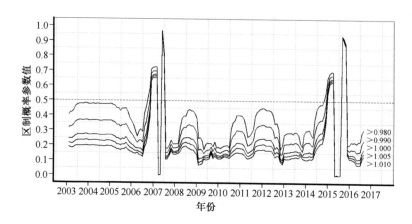

图 7-14　高市盈率股泡沫滞后项系数区制概率

　　分析业绩差异下的资产价格泡沫特征。从图 7-15 和图 7-16 的股价上涨与分红增长数据来看，2010—2015 年绩优股分红持续增长的信息未能在股价上得到体现。反观微利股，其分红于 2011 年年底进入下降周期，市场于 2012 年年末呈现出明显的悲观情绪。此外，受悲观情绪驱使，投资者对 2016 年微利股分红的大幅上涨仍视而不见，表现出动物精神特征。这说明悲观情绪影响基本面预期是资本市场回落周期延长的重要原因。

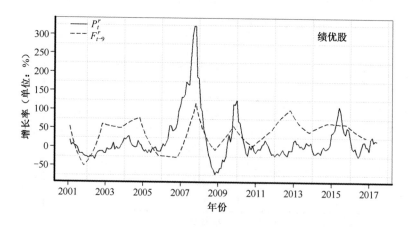

图 7-15　绩优股股价与分红

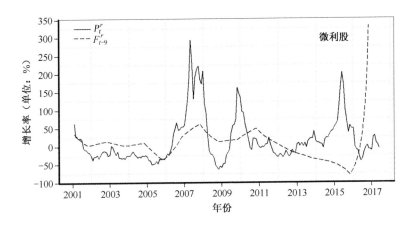

图 7-16 微利股股价与分红

从泡沫周期性破灭特征上看，绩优股在 2008 年和 2010 年的泡沫收缩过程明显滞后于高市盈率股指数和沪深 A 股市场总体（见图 7-17 和图 7-18）。除 2015 年股指波动加剧时期以外，绩优股泡沫滞后项系数近期始终处于平稳性"中度偏离"单位根过程（得到如图 7-19 所示的泡沫滞后项系数区制状态概率的确认），其理性泡沫的波动性高于上证 50。在平稳性"中度偏离"单位根过程出现后，虽然泡沫短期内未出现爆炸性破灭特征，但是自回归过程温和收缩到 0.8 左右的水平。

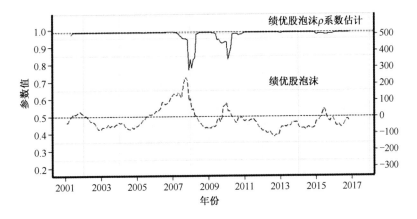

图 7-17 绩优股泡沫滞后项系数

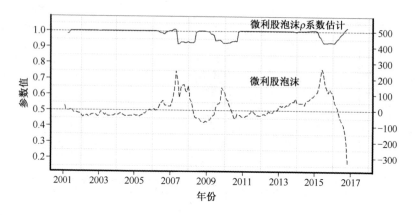

图 7-18　微利股泡沫滞后项系数

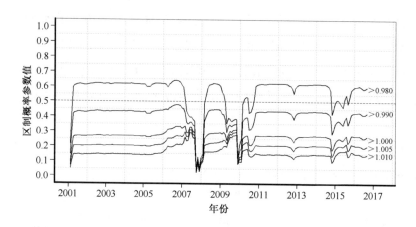

图 7-19　绩优股泡沫滞后项系数区制状态概率

　　微利股泡沫滞后项系数长期处于爆炸性"近单位根"区间（得到如图 7-20 所示的泡沫滞后项系数区制状态概率的确认），在投机性泡沫破灭前后分别处于过度乐观和过度悲观的自我强化过程中。在爆炸性"近单位根"出现后，投机性泡沫并没有出现自回归过程完全无法维系的爆炸性特征，而是迅速坍塌。其泡沫滞后项系数稳定在 0.9 附近，以相对温和的方式破灭，体现市场对过度乐观的修正过程。

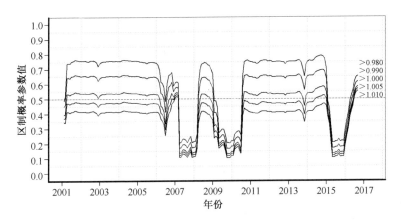

图 7-20　微利股泡沫滞后项系数区制状态概率

7.3.3　实证结果的先验敏感性分析

为了检验实证结果的稳健性，本章沿用 Jochmann（2015）的先验敏感性分析方法，从三个角度改变先验假设以测试结果的稳健性。首先，我们将本书前述的先验假设作为用于对比的 A 方案。其次，修改先验假设作为 B 方案。最后，再次修改参数提出 C 方案及 D 方案的先验假设。

估计结果如图 7-21 和图 7-22 所示。从图中可以看到，滞后项系数在 1 附近时的估计结果与对应的性质类型完全一致。

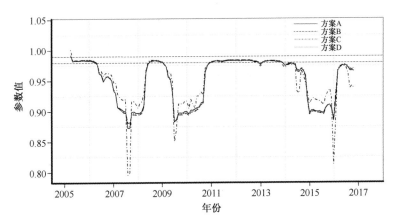

图 7-21　上证 50 股 ρ_t 系数的四种先验假设估计

169

这说明，超参数的不同设置并不能改变 RTV-ADF 模型的计量结果。这说明实证结论是稳健的，并不存在先验敏感性。

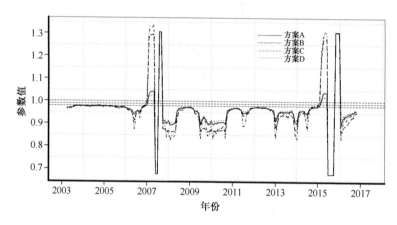

图 7-22　高市盈率股 ρ_t 系数的四种先验假设估计

7.4　本章小结

本章融合了市场情绪驱动股市泡沫的行为金融学理论，将市场情绪理论和泡沫计量方法相结合，用实证分析了我国股市的市场情绪与周期性破灭泡沫的特征，补充了行为金融学在实证研究方面的不足，加深了对投资顺周期行为和资产价格泡沫产生根源的理论认识。实证结果表明：

第一，我国沪深股市泡沫总体平稳。股价上涨与分红增长的长期均衡关系日趋稳定，股票市场在总体上基本能够及时地反映经济基本面的变化。

第二，上证 A 股市场情绪的持续性存在非对称性。悲观情绪的持续性强，乐观情绪的持续性弱。

第三，上证 50 指数泡沫的运行特征服从于平稳性"中度偏离"单位根过程，这意味着当其被高估时，泡沫将以收缩的方式破灭，将会使长期持有的投资者蒙受高额损失。

第四，乐观情绪与悲观情绪对投资者行为的影响机理存在明显差异。在乐观情绪下，基本面投资者和技术交易者的行为将持续分化；而在悲观情绪下，受避险因素的影响，投资者的行为将高度一致，进而助长了悲观情绪的持续。

第五，市场情绪助推了股市周期性破灭泡沫的结构性分化，投资顺周期行为增加了集体失误的系统性风险。

因此，政府和证券监管部门应着力加强股市监管，进一步提高上市公司分红决策的透明度，鼓励上市公司及时准确地披露信息；规范信息舆论环境，避免市场情绪波动；引导投资者发掘更多优质上市公司的发展动力，强化价值导向，分散市场风险，优化资源配置。特别是在资本市场回落与悲观情绪相交织的阶段，政府和证券监管部门要加强政策疏导和市场情绪把控，以防止集体性避险行为催生的慢收缩型价格泡沫，进而在根本上做到回归本源，加快实现金融服务实体的基本职能。

第 8 章

汇率弹性与收入弹性
的协整模型[1]

① 本章部分成果发表在刘洋、陈守东、吴萍撰写的《经济问题探索》（2018 年第 10 期）的文章上。

8.1　时变参数的结构模型

自中国正式加入世界贸易组织以来，中国进出口贸易的发展不仅促进了自身的收入增长，也带动了贸易伙伴的经济繁荣发展。虽然美国对中国的贸易逆差依旧可观，但是伴随中国经济的发展，美国对中国的出口额占其总出口贸易额的比率持续上升。鞠建东等（2012）的研究表明，对华出口管制政策使美国在其比较优势的行业对中国出口较少，这直接导致美国的出口贸易没有从中国的高速经济增长中充分受益。除了进口国经济增长产生的收入效应，国际收支还与汇率水平紧密相关，汇率政策也是中美双边贸易不平衡问题争论的焦点。自 2005 年中国实施人民币汇率形成机制改革以来，在向浮动汇率制度目标发展的过程中，决定汇率的市场力量正在逐步显现。

因此，在人民币汇率市场化改革逐步深入、中国经济由高速增长转向高质量增长的新时期，在全球经济格局发生深刻变化、贸易保护主义抬头与中美贸易摩擦升温的背景下，本章通过构建时变协整模型来研究中美双边贸易的汇率弹性和收入弹性。

8.2　汇率弹性与收入弹性的文献综述

国际贸易收支弹性的理论研究主要关注两类问题。一是汇率弹性，代表贸易收支对相对价格变动的反应程度，其与汇率政策能否改善贸易收支紧密相关。其关注焦点是检验进出口贸易汇率弹性的绝对值之和是否大于 1，即对著名的马歇尔-勒纳条件（Marshall-Lerner Condition）的判断。如果马歇尔-勒纳条件成立，就说明货币贬值能够改善国际贸易收支。二是收入弹性，代表经济增长对进出口贸易的拉动作用。收入弹性的不对称效应被认为是导致贸易失衡的关键因素。当美国与贸易伙伴的国民经济取得同等增长时，美国出口贸易的增长低于进口贸易。这种收入弹性的差异被称为豪斯克-麦奇收入不对称效应。随着中国经济总量的增加和国际贸易总额的攀升，中美两国之间的贸易平衡问题已成为国际贸易收支弹性理论实证研究的重点。

在计量模型方法上，国际贸易收支弹性理论实证研究经历了从线性协整分析到非线性协整关系计量的发展过程。对非线性协整关系的贝叶斯计量方法研究近期取得了重要进展，Koop 等（2011）构建的基于贝叶斯方法的时变协整误差修正模型（TVP-VECM），为进一步研究协整关系的时变性提供了基础。总之，虽然多数既有研究支持马歇尔-勒纳条件和豪斯克-麦奇收入不对称效应，但是最新的研究表明，中美双边进出口贸易、实际汇率和收入的长期均衡关系并非固定不变，而是呈现具有时变性的非线性协整关系，采用不能充分适应其时变性的计量模型进行分析很可能遗漏重要信息，从而得到不准确的结论。

综上所述，现有文献在中美双边贸易弹性问题上取得重要进展的同时，也凸显了现有研究的局限性和现有结论的不确定性。

（1）汇率贸易影响非对称效应的发现说明贸易、实际汇率和收入之间的协整关系具有时变性，这种时变性显然很可能不止存在于升值和贬值区间之间。考虑到 2005 年之后中国汇率形成机制改革的历史进程，我们需要进一步全面考察汇率弹性的时变性。

（2）现有的研究仅限于对汇率弹性时变性的分析，鉴于中国经济总量的提升和中美双边贸易关系的深刻变化，我们有必要在实证研究中结合收入弹性的时变性假设，以此填补现有文献在收入弹性时变性研究上的欠缺。

（3）现有的贸易弹性时变性分析以单方程模型为主，只有建立两方程模型，才能分别考察进口需求弹性和出口需求弹性的时变性。

因此，本章基于 Koop 等（2011）的时变协整误差修正模型来构建中国与美国的进出口贸易与实际汇率和收入的时变计量模型，用以实证分析中美双边贸易汇率弹性和收入弹性的新变化。

8.3　理论分析与计量模型

根据属于国际贸易收支弹性理论的不完全替代模型，进出口需求都是价格、收入和名义汇率的函数。为简化计算，假设本国国内商品价格与本国出口商品价格相等，中国进口商品价格也等于国外商品价格。

接下来基于 Koop 等（2011）的时变协整误差修正模型来计量分析中美双边贸易进出口方程协整关系的时变性。以中国从美国进口需求方程为例，本节将进口需求方程的长期均衡关系置于式（8-1）的时变协整方程之中，实证分析中国对美国进口贸易指标 m_t 与实际汇率指标 e_t、中国国内收入指标 y_t 之间的三元时变协整关系。

$$
\begin{aligned}
\Delta m_t = {} & \alpha_m (\beta_t^1 m_{t-1} + \beta_t^2 e_{t-1} + \beta_t^3 y_{t-1}) + \\
& \sum_{h=1}^{p} (\phi_h^1 \Delta m_{t-h} + \phi_h^2 \Delta e_{t-h} + \phi_h^3 \Delta y_{t-h}) + c_t + \varepsilon_t^m, \quad \varepsilon_t^m = N(0, \Omega_t^m)
\end{aligned}
\tag{8-1}
$$

在 Gibbs 抽样算法的实现过程中，我们借鉴 Koop 等（2011）的做法，以贝叶斯方法得到以进口需求方程为例的长期均衡关系的时变性后验估计结果，即式（8-2）表述的中国对美国进口需求汇率弹性和收入弹性的后验估计。

$$m_t = \xi_t^m e_t + \lambda_t^m y_t \tag{8-2}$$

中国对美国出口需求的时变协整方程与进口需求方程相似，式（8-3）的时变协整误差修正模型表述了中国对美国出口贸易指标 X_t 与实际汇率指标 e_t、美国国内收入指标 y_t^* 之间的三元时变协整关系。

$$\Delta x_t = \alpha_x (\gamma_t^1 x_{t-1} + \gamma_t^2 e_{t-1} + \gamma_t^3 y_{t-1}^*) +$$
$$\sum_{h=1}^{q} (\varphi_h^1 \Delta x_{t-h} + \varphi_h^2 \Delta e_{t-h} + \varphi_h^3 \Delta y_{t-h}^*) + d_t + \varepsilon_t^x, \, \varepsilon_t^x = N(0, \Omega_t^x) \tag{8-3}$$

汇率弹性估计结果的经济含义十分明确，即如果中国对美国进口需求汇率弹性的符号为负，就代表人民币贬值会阻碍中国对美国的进口贸易；如果中国对美国出口需求汇率弹性的符号为正，就说明人民币贬值会促进中国对美国的进口贸易。进出口需求汇率弹性绝对值的大小能够反映汇率因素对双边贸易的重要性，特别是当进出口需求汇率弹性的绝对值之和大于 1 时，马歇尔-勒纳条件理论认为汇率变动会显著影响双边贸易的收支情况。

收入弹性估计结果的经济含义非常重要：国内收入增加会扩大对进口产品的需求，其绝对值的大小能够反映本国经济增长对国外经济的影响力；贸易伙伴收入的增加也会造成对本国出口商品需求的扩大，其绝对值大小反映了贸易伙伴的经济增长对本国出口贸易的拉动作用。分析中美双边贸易进出口收入弹性的时变性，同时考察豪斯克-麦奇收入不对称效应的新变化，对于理解中美双边贸易的不平衡问题至关重要。

8.4 实证分析

8.4.1 数据说明

2005 年，中国开始实施汇率形成机制改革，将原有的单一盯住美元的汇率制度转变为盯住"一篮子货币"的浮动汇率机制，人民币汇率逐渐开始反映市场信息并持续波动。本章选用 2005 年 1 月至 2017 年 12 月的月度数据进行实证分析，此时间段不仅涵盖 2008 年美国金融危机爆发前后的重要阶段，也完整包括 2005 年以来中国逐渐实施汇率形成机制转变的三阶段进程（余永定和肖立晟，2016）。

　　阶段一：2005 年 7 月至 2012 年 4 月，市场供求对汇率形成还没有直接的决定作用。面对美元持续供大于求的局面，中国货币当局选择实行人民币对美元渐进升值的汇率政策。为应对 2008 年美国金融危机，中国货币当局还曾在 2008 年 10 月至 2010 年 6 月（参见图 8-1 中的阴影部分）重新使人民币盯住美元。

　　阶段二：2012 年 4 月至 2015 年 8 月，市场作用在汇率形成中开始凸显，即期外汇市场人民币兑美元交易价的日浮动幅度逐渐扩大，波幅也明显放大。2014 年，在国际收支情况出现变化的背景下，人民币汇率走势出现了转折点。

　　阶段三：2015 年 8 月之后，市场供求对汇率形成的作用增强。2015 年 12 月央行公布了确定汇率中间价时所参考的三个"货币篮子"，中国货币当局逐渐从直接干预市场转变为加强对汇率预期的管理，推进实现在市场主导下的汇率稳定。

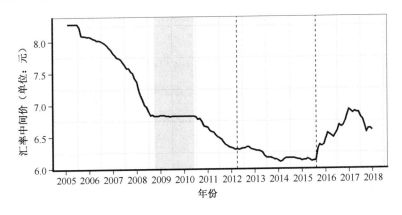

图 8-1　美元兑人民币汇率中间价

在指标数据的选择上，我们选用中国人民银行发布的美元兑人民币汇率中间价日数据的月度平均值，如图 8-1 所示，选取名义汇率。实证分析使用的实际利率由名义汇率和中美两国 CPI 价格指数比值的乘积计算得出。中国收入指标，采用国家统计局发布的规模以上工业增加值的累计同比实际增速进行代表（参见图 8-2 中的实线）；美国收入指标，选用美联储发布的美国工业总产值同比增长率数据（参见图 8-2 中的虚线）。本节选取由中华人民共和国海关总署统计发布的中国从美国进口贸易额的当月同比增长率指标，以及中国向美国出口贸易额的当月同比增长率指标，来进行实证分析。

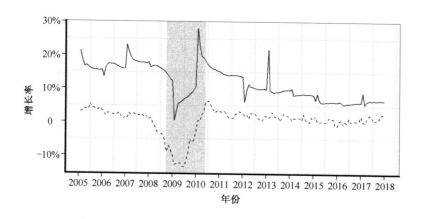

图 8-2　中美工业产出同比增长率

图 8-3 中的实线代表中国从美国进口贸易额的当月同比增长率，虚线代表中国向美国出口贸易额的当月同比增长率。数据显示，中国从美国的进口贸易增速在 2008 年美国金融危机爆发之前持续提高，并且逐渐超越了中国向美国出口贸易额的增长速度。危机过后，中美双边贸易增速放缓，甚至进入负增长，直至 2016 年转向回升。与此同时，中国经济从高速增长转入高质量增长阶段，收入增长更加平稳。

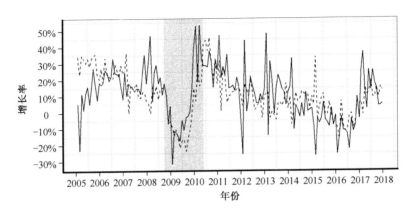

图 8-3　中国从美国进口贸易额和中国向美国出口贸易额同比增长率

在数据的预处理上，考虑到中美双边贸易进出口贸易额和两国工业产值数据的季节性特点，本章采用季节调整系统对中美双边贸易进出口贸易额与两国收入指标均进行了季节调整处理。在数据预处理过程中，为克服季节调整中的模型不确定性问题，本节借鉴刘洋和陈开璞（2017）的谱分析方法对季节性时间序列进行了模型选择。同时，考虑到春节因素对中国经济活动的特殊影响，本节在对中国数据进行季节调整的过程中，还利用了 X-13-ARIMA-SEATS 系统的移动假日模块对被调整时间序列进行了额外的春节效应处理，以消除假日因素的干扰。

8.4.2　模型选择

在基于时变协整误差修正模型进行计量分析之前，需要对实证数据进行单位根检验，以确定进出口需求方程中差分项的滞后期参数。使用 EViews9.0 软件对实证数据指标及其 1 阶差分项进行 ADF 单位根检验，得到如表 8-1 所示的单位根检验结果。结果说明包括人民币实际汇率、中美双边贸易进出口额和中美两国收入指标在内的 5 个时间序列均为 1 阶单整数据，即其原数据时间序列皆为非平稳数据，而 1 阶差分时间序列皆为平稳数据。

表 8-1　单位根检验结果

	e_t	Δe_t	m_t	Δm_t	x_t	Δx_t	y_t	Δy_t	y_t^*	Δy_t^*
t 统计量	−2.66	−7.43	−1.03	−16.13	−0.88	−17.56	−2.76	−18.02	−2.01	−5.16
概率	0.08	0.00	0.74	0.00	0.79	0.00	0.07	0.00	0.28	0.00

随后，参照 Koop 等（2011）的预测似然方法对误差修正模型的协整秩参数进行模型选择。预测似然方法是指，在不同协整秩参数设定的条件下，分别计算历史数据在不同模型下向后预测的似然值总和，通过对比，选择最大总似然值来确定协整秩 r 参数。本节使用 GAUSS 软件进行计算，得到如表 8-2 所示的结果，在进出口贸易方程中均以 $r=1$ 的预测似然值为最大值，这说明在进口需求方程和出口需求方程中都只存在一组三元协整关系。在以上模型选择的参数设置下，本节对中美双边贸易进口需求方程和出口需求方程分别进行 Gibbs 抽样算法的贝叶斯方法估计，得到具有时变性的需求汇率弹性和收入弹性的后验中位数估计实证结果。

表 8-2　预测似然检验

	进口需求方程			出口需求方程		
	$r=1$	$r=2$	$r=3$	$r=1$	$r=2$	$r=3$
似然值	−212.18	−213.60	−213.62	−254.38	−262.24	−355.65
标准差	1.38	1.46	1.64	2.60	3.27	3.40

8.4.3　汇率弹性的实证结果

中国从美国进口需求的汇率弹性稳中有升。进口需求汇率弹性估计结果（参见图 8-4 中的实线）的符号始终为负[①]，这说明人民币贬值在一定程度上会减少中国从美国的进口贸易。结合图 8-1 中展示的汇率形成机制的三阶段进程，观察图 8-4 中的计量结果，可以发现，进口需求汇率弹性先后经历了

---

① 图 8-4、图 8-5、图 8-7 和图 8-8 中的实线代表后验中位数的估计结果，辅助以虚线代表的 90%后验分位数和 10%后验分位数估计共同显示。

对人民币升值和人民币贬值的适应过程。

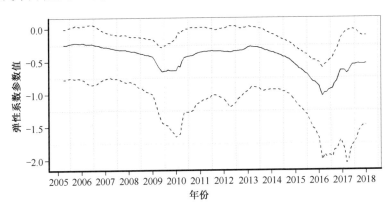

图 8-4　进口需求汇率弹性

在市场供求对汇率形成并没有直接决定作用的第一阶段，虽然人民币总体上持续升值，但是进口需求弹性的绝对值先升后降。此阶段初期出现了进口贸易对人民币升值的弹性上升的情况，当中国货币当局为了应对 2008 年美国金融危机使人民币重新盯住美元后（参见图 8-1 中的阴影区间），汇率弹性得以稳定，并且在第一阶段的后半段，即人民币继续升值的情况下，进口汇率弹性绝对值恢复到 0.5 以下的水平。

显然，在第一阶段，进口贸易完成了一个对人民币升值的适应过程。在市场作用开始凸显于汇率形成过程的第二阶段，已适应人民币升值过程的汇率弹性在 2014 年人民币转为贬值后，其绝对值再度上升。当汇率改革进入第三阶段，在汇率形成机制的市场供求作用增强的情况下，进口需求汇率弹性的绝对值在人民币贬值的过程中，完成了又一轮先升后降的适应过程。在 2017 年年初人民币再次转向快速升值时，进口汇率弹性始终稳定。由此可见，伴随汇率形成机制的市场化，进口汇率弹性稳中有升且日趋稳定，这说明在市场化的汇率形成机制下，中国从美国的进口贸易与人民币汇率之间可以实现更加稳定的长期均衡关系。

中国向美国出口需求的汇率弹性明显下降。出口需求汇率弹性估计结果

（参见图 8-5 中的实线）的符号始终为正，这说明人民币贬值会促进中国向美国的出口贸易。从变化趋势上看，2005 年汇率改革之后的出口汇率弹性从 3.0 以上开始下降。虽然这种下降趋势止步于 2008 年美国金融危机期间，但在汇率改革第一阶段结束时，出口汇率弹性已再次下降至不足 1.0 的水平。在汇率改革第二阶段和第三阶段，出口汇率弹性的稳定性增强且基本在 0.5 左右浮动。这说明自汇率改革第一阶段完成以来，人民币汇率波动对中国向美国出口贸易的影响已经大为减弱。人民币贬值对中国向美国出口贸易的拉动作用有限，中国也适应了人民币升值对出口贸易的冲击。

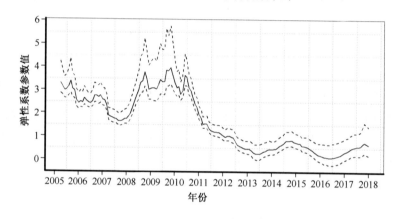

图 8-5　出口需求汇率弹性

一般认为，中国从美国进口的产品以高附加值的工业产品和资源型商品为主，这些产品通常存在价格刚性，因此中国从美国进口贸易的汇率弹性较低。相比之下，美国近年来从中国进口高科技产品的份额不断上升，中国以劳动密集型出口为主的情况已有所改变。中国在出口结构得到优化的同时，对价格因素的敏感性也在降低。

现有研究的计量结果大多支持中国向美国出口贸易的汇率弹性较进口汇率弹性更大这一观点。从本节的估计结果看，当汇率改革完成第一阶段并进入 2012 年后，出口需求汇率弹性已大幅下降，从 2010 年之前基本保持在 2.5 左右的水平，下降到 2012 年以后的 0.5 左右的水平。当汇率改革进入第二阶段后，市场作用在汇率形成机制改革之后开始凸显，中美双边贸易的出口汇率弹性和进口汇率弹性已基本持平。

人民币汇率变动对中美双边贸易的总体影响已明显减弱。根据马歇尔-勒纳条件，将中美双边贸易进出口需求汇率弹性后验中位数估计的绝对值相加，可以得到如图8-6所示的进出口需求汇率弹性之和。计量结果显示，在汇率改革第一阶段完成后，进出口汇率弹性之和从过去的始终大于2.0的水平，明显下降到马歇尔-勒纳条件成立的临界水平1.0附近，甚至在2013年出现了马歇尔-勒纳条件明显不成立的情况。在汇率变动更加反映市场供求关系的形成机制下，中美进出口贸易作为影响人民币汇率的重要市场因素，其对汇率的敏感性也有所下降。马歇尔-勒纳条件的基本失效，体现出中美双边贸易人民币汇率因素的新变化。

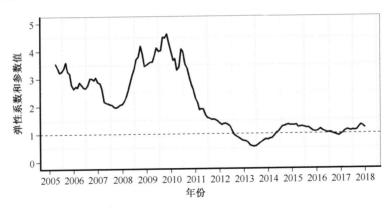

图8-6 进出口需求汇率弹性之和

8.4.4 收入弹性的实证结果

从总体上看，中美双边贸易进出口需求的收入弹性都有所上升。进出口需求收入弹性估计结果（参见图8-7和图8-8中的实线）的符号始终为正，这说明中国的收入增加可以提高中国对美国的进口贸易，美国的收入增加也可以拉动中国对美国的出口贸易。虽然在2012年之后，伴随中国经济从高速增长转向高质量增长，进口需求收入弹性曾缓慢下降，但其在 2015 年重拾升势。进口需求收入弹性在总体上已从美国金融危机爆发之前的 1.0 左右上升至 2.0 左右的水平。中国向美国出口需求的收入弹性在美国经济复苏进程中上升。出口需求收入弹性相比进口需求收入弹性出现了更大幅度的提升，从 2008 年之前 2.0 以下的水平提升到 4.0 左右的水平。中国经济增长质量的提高与出口贸易结构的优化，更有利于中国出口贸易伴随美国经济复苏进程而发展。

中国对美国出口与进口收入效应的不对称性依然存在。进出口需求收入弹性的双增长，说明中美两国可以从对方经济增长中更多地受益，中美双边贸易与两国经济增长的关系更加紧密。特别是在 2008 年美国金融危机之后，虽然对美国出口在中国出口中的占比没有出现太大变化，但是美国出口对中国市场的依赖程度已显著提高。中国从美国进口贸易的需求收入弹性仍然低于中国向美国出口贸易的需求收入弹性，不过计量结果也说明这种收入效应的差距不是固定不变的，美国对中国出口贸易的需求收入弹性也已明显提高。这充分说明互利共赢的中美双边贸易对两国经济的重要性，美国应摒弃狭隘的单边贸易保护主义，解除对中国的出口管制政策限制，积极发展对华比较优势的出口贸易。美国出口贸易可以从中国的经济增长中获得更大的收益，促进中美两国的双边贸易平衡。

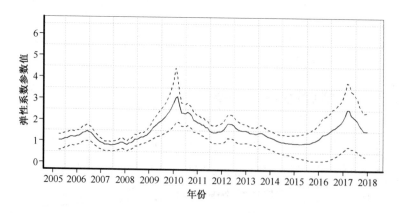

图 8-7　进口需求收入弹性

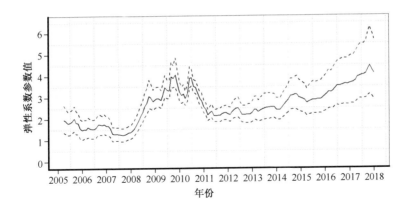

图 8-8 出口需求收入弹性

8.5 本章小结

本章基于国际收支弹性理论的不完全替代假设的两方程模型，构建进出口贸易需求时变弹性模型，实证分析中美双边贸易汇率弹性和收入弹性的新变化，主要得出以下结论。

自 2005 年汇率形成机制改革以来，中国对美国进出口贸易已完成了对人民币升值和人民币贬值的适应过程。中国从美国进口需求的汇率弹性稳中有升，中国向美国出口需求的汇率弹性明显下降。人民币贬值对中国向美国出口贸易的拉动作用有限，中国适应了人民币升值对出口贸易的冲击，人民币汇率波动对中国向美国出口贸易的影响已经大为减弱。市场作用在汇率形成机制改革后开始凸显，中美双边贸易的出口汇率弹性和进口汇率弹性也已基本持平。在汇率变动更能反映市场供求关系的形成机制下，中美双边贸易的马歇尔-勒纳条件基本失效，单纯的汇率政策无助于促进中美之间的贸易平衡。

第 9 章

费雪效应的误差修正模型[①]

① 本章部分成果发表在刘洋、陈守东、吴萍撰写的《经济评论》（2018 年第 2 期）的文章中。

9.1　费雪效应

2016 年，持续的低利率扭转了低通胀形势，我国 CPI 涨幅回升，PPI 结束了 54 个月的同比下降趋势，转入加速上升过程，市场通胀预期增强。同时，在资产价格泡沫加剧、债务风险上升、人民币汇率持续波动等多重因素共同影响下，我国货币政策面临着复杂形势的考验。准确识别我国费雪效应的强弱状态，考察名义利率反应通胀预期的效果，有助于货币政策在效率和成本之间做出更好的选择。

Fisher（1930）认为，在零税收和理性预期情形下，名义利率与通货膨胀率的变动应该是一一对应的关系，这一论断即著名的费雪效应。在利率市场化条件下，费雪效应是货币政策的重要作用机制，也是考察利率市场化成果、检验利率工具调控效率和通胀预期管理效果的计量依据。自 1996 年我国央行放开了银行间同业拆借市场利率算起，我国利率市场化改革历经 20 余年，逐步实现了债券市场、信贷市场、货币市场的利率市场化。在改革取得重大进展的同时，利率也成为经常被采用的、我国主要的货币政策工具之一。然而，2008 年美国金融危机的爆发和其后长期陷入零利率陷阱的典型化事实，引发学界对频繁使用利率政策工具，始终保持强费雪效应做法的质疑。米什金（2011）在总结美国金融危机前后货币政策的教训时，强调加强通胀预期管理、降低货币政策成本的重要性。Fuhrer（2011）基于菲利普斯曲线理论分析认为，货币政策是有成本的，过度频繁地使用利率政策工具将付出通胀惯性的代价。陈守东和刘洋（2015）的实证结果表明，Fuhrer（2011）的理论也适用于我国。胡育蓉和范从来（2015）的研究证实，在利率双轨制和利率市场化的不同情况下，特别是在不同的通胀预期背景下，存在不同最优货币政策工具的选择问题。因此，无论是对于提高货币政策的效率，还是降低政策执行的成本，识别我国名义利率对通胀预期做出反应的水平，都具有重要的现实意义。

9.2　费雪效应的协整分析

费雪效应的实证研究，以检验名义利率与通货膨胀率之间的协整关系为基础，主要经历了 4 个研究阶段：①检验强费雪效应的存在性问题[①]；②对强弱费雪效应的区分与费雪效应系数的度量；③研究费雪效应的时变性，计量不同时期的差异；④结合时变协整理论，识别强弱费雪效应的转换机制。

本章将结合时变协整理论，利用刘洋和陈守东（2016）提出的贝叶斯非参数混合分层结构 Gibbs 抽样算法，对 Jochmann 和 Koop（2015）的区制协整模型进行扩展，构建无限状态 Markov 区制转移误差修正模型，将其应用于我国名义利率与通货膨胀率之间协整关系的区制状态分析，对我国强弱费雪效应转换机制进行动态识别。

---

① 本书在讨论费雪效应系数接近-1 所代表的一一对应的完全费雪效应时，称之为强费雪效应，其中负号代表同向变动。当绝对值明显小于 1 时，称为弱费雪效应。

9.3 费雪效应的理论和计量模型

9.3.1 费雪效应的理论表述

费雪效应理论认为，在零税收和理性预期情况下，对通货膨胀率的永久性冲击，将导致名义利率产生同等改变，使得实际利率的长期运行不受货币冲击的影响而改变。名义利率与预期通货膨胀率之间的变化是一一对应的，任何产品成本上的变化都将在货币成本当中得到体现，货币在购买力上的变化长期内将得到有效市场的补偿。费雪效应的理论模型提出，在理性预期下，实际利率作为名义利率与通货膨胀率之差，在长期内基本保持稳定。

9.3.2 费雪效应的线性化方程

费雪效应方程意味着实际利率是一个均值回复过程。因此，如果名义利率与通货膨胀率均为一阶单整过程，则实际利率作为它们之间一一对应的差额，将是一个协方差平稳的随机过程。名义利率与通货膨胀率存在协整关系，说明通货膨胀率对实际利率将保持长期中性。考虑到理论上一一对应的关系在现实中需要进行检验，当费雪效应系数等于 1 时，完全费雪效应或称为强费雪效应成立；当费雪效应系数处于 0 和 1 之间时，即费雪效应系数明显低于 1 时，代表弱费雪效应成立。实际中的费雪效应应该略大于 1，一方面是需要补偿债务持有人的税后收益的下降，另一方面是由于预期通货膨胀率的不可观测性，与实际实现的通货膨胀率存在误差。部分文献的计量结果证实，包括美国在内的一些发达国家，确实存在费雪效应系数略大于 1 的情况。而当存在利率管制等情况时，利率无法按市场机制进行变化，费雪效应系数将小于 1。

9.3.3 名义利率与通货膨胀率的误差修正模型

通过对费雪效应理论模型的线性化，检验费雪效应的理论模型问题被转化为利率与通货膨胀率数据的计量分析问题。计量研究的核心问题被聚焦于协整关系的定性识别和协整向量的定量分析。

对于基于 Markov 区制转移等考虑结构断点模型的计量分析方向，转化为考察不同时期名义利率和通货膨胀率之间关系处于无协整关系、强费雪效应和弱费雪效应 3 种理论状态中的哪种情况。然而，现实中可归类为以上 3 种理论状态的实际状态可能更多，特别是在强费雪效应、弱费雪效应之间，可能存在更多的中间状态。费雪效应的实证研究所面对的复杂模型不确定的困难，也是阻碍现有计量方法得出准确结论的障碍。

本章在现有国内外文献的研究基础上，充分考虑费雪效应协整关系与协整向量的时变性，针对既无法确定协整关系在不同时期是否存在，又无法明确协整向量区制状态数量的假设条件下，提出了无限状态 Markov 区制转移误差修正模型，对名义利率与通货膨胀率之间的费雪效应进行实证分析。

9.4 无限状态 Markov 区制转移误差修正模型

9.4.1 构建 IMS-VECM 模型

Jochmann 和 Koop（2015）为扩展 VECM 模型以实现计量时变协整关系的适用性，将 VECM 模型扩展为 Markov 区制转移的向量误差修正模型（MS-VECM 模型）。增加的区制状态参数角标数代表该时点所处的区制状态，区制状态数量被设置为 K，并在所示的区制转移概率矩阵的约束下实现状态之间的转换。

与 Koop 等（2011）将 VECM 模型扩展为时变参数的向量误差修正模型（TVP-VECM 模型）不同，Jochmann 和 Koop（2015）的 MS-VECM 模型允许协整关系在区制状态之间不同，例如，在 K=2 或 K=3 的先验假设下，设定不同区制状态的协整关系和协整向量条件，通过这种列举不同区制状态数量的约束模型，以贝叶斯模型平均的方法弥补模型不确定的问题，综合得到不同时点协整关系所处不同区制状态的概率。Jochmann 和 Koop（2015）对 VECM 模型的扩展，为分析时变协整关系提供了研究框架。本章将进一步放松先验假设，将区制状态数量作为随机数，由模型的抽样过程自主识别最大后验概率的取值。同时，每个区制状态的系数和随机扰动项方差参数，由分层的共轭分布族随机过程进行模拟推断。

Markov 区制转移模型被广泛应用于经济数据存在结构断点等时变特征的实证研究。然而，传统 Markov 区制转移模型的缺点也是非常明显的，特别是被学者们长期诟病的固定区制数限制，在处理模型不确定问题时经常遇到困难。本章借鉴刘洋和陈守东（2016）对传统的固定区制数量的 Markov 区制转移模型进行无限状态扩展的方式，突破 Markov 区制转移模型在模型不确定问题上遇到的阻碍，结合 Fox 等（2011）的分层 Dirichlet 过程，将 Jochmann 和 Koop（2015）的 MS-VECM 模型进一步扩展为无限状态 Markov 区制转移向量误差修正模型（IMS-VECM）。

$$\Delta y_t = \beta_{S_t} y_{t-1} + \sum_{i=1}^{m-1} \phi_{i,S_t} \Delta y_{t-i} + \varepsilon_t, \ \ \varepsilon_t \sim N(0, \sigma^2_{S_t}) \tag{9-1}$$

$$S_t \mid \beta_{S_t}, \phi_{1,S_t}, \cdots, \phi_{m-1,S_t}, \ \sigma^2_j \sim \text{Skicky HDP-HMM} \tag{9-2}$$

为了更好地适应结构断点、非平稳数据和时变关系，本书将 Kim 和 Nelson（1999）的共轭分布族结构进一步扩展为分层的共轭分布结构。MS-VECM 模型中的 Dirichlet 分布假设是给定区制状态数量下的先验假设，通过将 Dirichlet 分布扩展为 Dirichlet 过程，可进一步拓展模型对数据过程中潜在区制状态的识别能力。Fox 等（2011）将分层 DP 过程与隐性 Markov（IHMM）模型相结合，提出了带有黏性系数的无限状态隐性 Markov 区制转移模型，提升了其对分类状态类型数据的适应能力，实现了算法对混杂语音记录的有效识别。Jochmann（2015）、陈守东和刘洋（2015）、刘洋和陈守东等（2016）将分层 DP 过程的研究进展引入对经济领域数据的分析过程中。

本书在现有研究的基础上，将 Dirichlet 分布假设扩展为如式（9-2）所示的分层 DP 过程的 Sticky HDP-HMM 形式，以提升模型适应数据的能力。该分层 DP 过程是一个双层结构的随机抽样过程，作为第二层 DP 过程的参数，提供了理论上被设计为包含无限个区制状态的先验条件，因而称之为无限状态 Markov 区制转移过程。这种以最大适应性方式分析经济数据关系潜在包含的无限区制状态，并在模拟推断的时间进程中始终考虑未来未知区制状态的出现概率的方法，突破了固定区制状态模型的局限性，组成式（9-1）和式（9-2）所示的无限状态 Markov 区制转移向量误差修正模型（IMS-VECM）。

9.4.2　估计 IMS-VECM 模型的贝叶斯方法

本书借鉴刘洋和陈守东（2016）设计混合分层结构 Gibbs 抽样算法实现时变因果关系模型的算法设计方式，为 IMS-VECM 模型设计贝叶斯 MCMC 方法的算法实现程序。以 Fox 等（2011）的抽样方法实现对分层 DP 过程的非参数模拟，驱动区制状态参数和数量的更新，得到区制状态参数和数量的后验分布。以 Kim 和 Nelson（1999）的共轭分布族方式，实现对系数与扰动项方差的模拟抽样。

本章在实证分析中，均采用预烧期 M_0 为 10000 次、运行期 M_1 为 50000 次的 MCMC 过程进行模拟推断。具体的算法过程以 C 语言混合 Fortran 语言编程实现，矩阵运算部分引用了著名的 lapack 与 blas 标准运算库，以确保计算的准确性。

9.5　我国费雪效应的实证分析

9.5.1　数据选取和参数估计

我国利率市场化改革的核心是要建立健全与市场相适应的利率形成和调控机制，本书选择名义利率与通货膨胀率进行实证分析，也是从费雪效应的角度对我国利率市场化形成机制和利率工具的调控效率进行检验。

本书选取我国 1996 年 1 月—2016 年 12 月银行间 7 天期同业拆借利率的月度数据，作为名义利率的代理变量，以同比 CPI 月度数据作为通货膨胀率的代理变量，共 252 组样本数据，构建分析我国费雪效应的 IMS-VECM 区制协整模型。其中，模型中经济变量的滞后期参数 m，根据贝叶斯信息准则并综合相关文献被设定为 3。本书选择的实证数据，来自中经网统计数据库。具体数据如图 9-1 所示，其中，虚线为 CPI 同比数据，实线为银行间 7 天期同业拆借利率。本书选择银行间 7 天期同业拆借利率的依据是，银行间同业拆借是各机构凭借信用在银行间市场拆借资金的方式，其利率水平能更好地体现资金的真实价格，该市场化机制已相对成熟，适合作为名义利率的代理变量。选择月度数据的原因是，相对于发达国家，我国利率市场化起步较晚，可选的数据长度有限。对比结果也显示，月度数据与季度数据的主要计量结果总体相近，反映的信息量更加丰富，并被多数同类工作所采用。张小宇和刘金全（2012）在利用非线性协整方法检验我国费雪效应时，也对贷款利率和银行间 7 天期同业拆借利率的月度和季度数据做了对比，重点选择了银行间 7 天期同业拆借利率的月度数据。

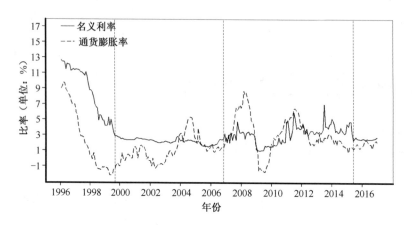

图 9-1　名义利率与通货膨胀率

　　本书利用 IMS-VECM 区制协整模型，实证分析我国的费雪效应，通过贝叶斯 MCMC 方法估计模型结果。首先，通过对区制状态的模拟推断，得到如图 9-2 所示的区制状态数量的后验分布。然后，模型根据图 9-2 中的最大后验概率的区制状态数量，进行区制状态分析，计算出 3 个区制状态的参数估计结果。同时，计算如图 9-3 所示的区制状态结构断点后验概率，度量不同时期费雪效应机制转换的可能性。最后，计算如图 9-4、图 9-5 和图 9-6 所示的区制状态 1、区制状态 2 和区制状态 3 的后验概率，测量费雪效应处于不同区制状态的可能性。

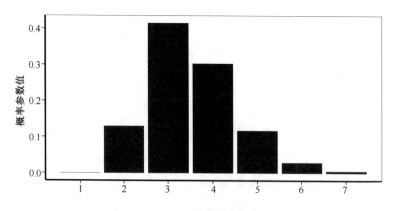

图 9-2　区制状态数量的后验分布

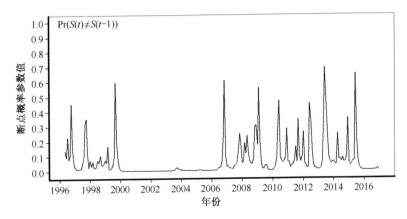

图 9-3 区制状态结构断点后验概率

模型估计结果表明，我国也存在强弱不同的费雪效应。IMS-VECM 模型估计结果表明，全部 3 个区制的调整参数的绝对值都显著大于 0，均存在协整关系，对应不同的协整向量。首先，基于区制状态 1 协整向量计算得到费雪效应系数为-0.1316，代表处于弱费雪效应状态，可理解为名义利率对通胀预期的市场化反应。其次，从区制状态 2 协整向量计算得到费雪效应系数为 -0.8526，绝对值相对接近 1，结合我国尚未完全放开利率管制的现实情况，可代表强费雪效应，体现利率政策工具的有效性。最后，通过区制状态 3 协整向量计算得到的费雪效应系数为-1.5452，可解释为名义利率对通胀预期的市场化反应与利率政策工具传导叠加产生的强费雪效应。

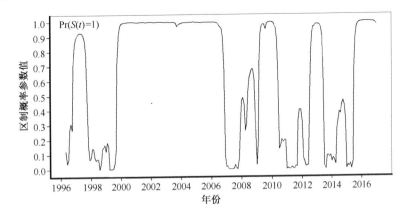

图 9-4 区制状态 1 的后验概率

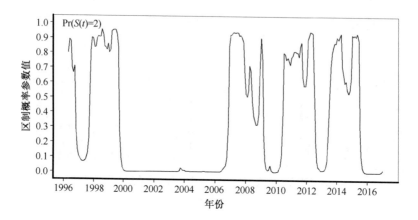

图 9-5　区制状态 2 的后验概率

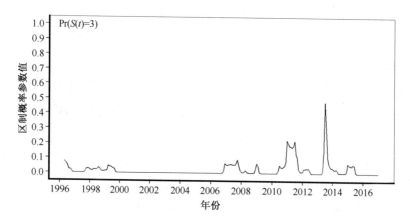

图 9-6　区制状态 3 的后验概率

9.5.2　费雪效应转换机制的动态识别

1. 强弱费雪效应的形成过程

模型识别出的强弱费雪效应及其动态特征，显示了我国名义利率与通货膨胀率之间的关系，呈现出阶段性发展的特点，强弱费雪效应及其转换机制在发展过程中形成和确立。结合模型估计结果和图 9-1 显示的数据动态路径，可将我国名义利率与通货膨胀率之间关系的发展划分为 4 个阶段。

启动阶段（1996 年 1 月—1999 年 8 月）：2000 年以前，名义利率与通货膨胀率虽然始终保持着相同的下降趋势，但我国银行间同业拆借利率并未充分与市场接轨，直至 1999 年 9 月以后，通过引入更多机构获准参与交易，市场主体才得以丰富，交易量充实，名义利率逐渐体现了市场行为。此阶段的强费雪效应不能代表利率对通货膨胀预期的反应，也不能体现利率政策工具的传导效应。

适应阶段（1999 年 9 月—2006 年 9 月）：2007 年以前，名义利率在被央行逐步放开限制的过程中，扩大了波动幅度，增强了其对市场信息和通货膨胀预期做出反应的能力。虽然初期的波动幅度受限，但是名义利率动态持续与通货膨胀率大体相符，并逐渐接近同步。这表明其反映通货膨胀率预期的能力显著增强。在此期间，央行对政策基准利率进行过 2 次调整，模型估计结果未能体现出强费雪效应的存在。本阶段的弱费雪效应，特别是后期的名义利率动态，可以代表名义利率对通货膨胀预期的反应。

发展阶段（2006 年 10 月—2015 年 6 月）：在此阶段，名义利率的市场化水平提高，名义利率的期限结构也体现出对未来通货膨胀的预测能力（李宏瑾，2011）。利率工具的传导效率已显著增强，我国央行在进一步丰富货币政策工具的过程中，更加关注政策效率和成本上的平衡。此阶段与弱费雪效应交替出现的强费雪效应，可以代表利率政策工具的传导效应。在利率市场化改革尚未完成的情况下，特别是在不同通胀形势的情况下，如何提高货币政策的效率，降低政策执行成本是货币当局需要重点权衡的问题。

成熟阶段（2015 年 7 月之后）：强弱费雪效应的共同特征，是名义利率和通货膨胀率之间协整关系的确立。稳定的协整关系代表经济时间序列之间的长期均衡关系，当名义利率与通货膨胀率的短期动态持续偏离其均衡关系时，从长期趋势上看，依然会回到均衡关系的状态，修正短期动态的背离现象。2016 年，在相对的货币政策真空期，市场环境下的名义利率与通货膨胀率在弱费雪效应的作用下，基本保持平稳趋势的同步。名义利率和通货膨胀率，在持续稳定一年多以后，稳中有升。因此，在名义利率和通货膨胀率之间市场化关系相对成熟的阶段，深化对我国费雪效应的认识，有助于兼顾政策执行的效率和成本。

2. 强弱费雪效应的转换机制

模型识别出的强弱费雪效应转换机制，有助于加深对我国利率市场化水平和货币政策执行效果的认识。我国名义利率在市场化环境下，弱费雪效应系数相比于早期已完成利率市场化的国家偏低。名义利率已经可以对通货膨胀预期的变化做出部分反应。强费雪效应的显现，说明我国的利率市场化改革，已经实现了市场化的政策利率传导机制。在利率政策工具执行效率提高的同时，面临着多重压力的考验，政策转向的预期和多政策目标的实现，加大了政策与市场效应叠加的风险。对强弱费雪效应转换机制的有效识别，对利率市场化效果的有效掌握，有助于在提高货币政策效率的同时降低政策执行成本。

2007 年之前，我国长期仅存在弱费雪效应。如图 9-3 所示，在 1999 年 8 月出现了第一个超过 50%的高概率结构断点之后，直至 2006 年 10 月也没有显著的结构断点出现。模型估计得到的不同时期区制状态的后验概率，也说明 2006 年 10 月以后，强弱费雪效应转换频率的显著增高。如图 9-4 所示，2007 年之前大部分时间处于区制状态 1 代表的弱费雪效应的估计结果，与王少平和陈文静（2008）、王群勇和武娜（2009）、封福育（2009）、张小宇和刘金全（2012）等文献的实证结论相近。

然而，虽然现有文献已提出了多种不同类型的时变系数模型，但是在模型不确定的情况下，存在更倾向于均值的参数估计过程。因此，在费雪效应系数估计值的计算过程中，或多或少地损失了对不同时期费雪效应系数的辨识水平，从而缩小了不同时期费雪效应系数估计结果之间的差距，低估了间或出现的较高的费雪效应系数。本书对区制协整模型的扩展，将模型识别过程独立于区制状态参数估计过程之前；对区制状态数量进行的模拟推断，有效地避免了模型不确定性对区制状态系数估计值的影响，从而动态识别出我国强弱费雪效应区制状态 3 的转换机制。

2007 年之后，我国出现强弱费雪效应的转换机制。图 9-5 中多次以超过 50% 的最大概率出现的强费雪效应，显示我国在利率市场化改革中取得了实质性的进展，费雪效应呈现出强弱转换的新特征。考察强弱费雪效应转换机制的动态特征，可以发现在利率市场化改革加快实施的发展阶段初期，弱费雪效应转换为强费雪效应，抑制名义利率与通货膨胀率背离的时机存在滞后性。

相比之下，2010 年以后，滞后性已得到明显改善。这表明我国利率市场化成果正在显现，货币政策向市场传递信息的有效性显著增强，货币政策体系对通胀预期的管理水平已经提高。Jochmann 和 Koop（2015）对 1970—2012 年法国费雪效应的实证结果表明，法国在 1982 年前后基本完成了自 1965 年开启的利率市场化改革之后，也出现了强弱费雪效应的转换机制。结合其他经验文献的结论分析，我国弱费雪效应系数相对较低，名义利率市场化对通胀预期做出反应的能力依然有限，与摆脱对传统货币政策调控方式的依赖尚有距离。弱费雪效应在系数大小上与强费雪效应的较大差距，也说明货币政策方向的变化将对名义利率市场产生不可忽视的非线性冲击。

政策与市场的叠加效应也被 IMS-VECM 模型的估计结果所识别。图 9-6 中区制状态 3 的出现概率虽然不高，但其短促的尖峰特征显著。结合图 9-5 不难发现，区制状态 3 后验概率的尖峰特征主要出现在区制状态 2 高概率的始末。这说明在市场预期货币政策转向过程中，政策和市场的叠加效应会对名义利率在短期内造成显著的冲击影响。图 9-5 中接近 50% 的最大概率的尖峰点出现在 2013 年 6 月，即我国银行间同业拆借利率市场短期异常波动期间。市场对政策预期的不确定性，加大了名义利率的不稳定性。

强弱费雪效应转换机制的区制状态 3 特征，体现出我国利率市场化改革成果的同时，也说明我国的利率市场环境尚未成熟，货币政策面临的形势依旧复杂。从如图 9-7 所示的区制状态 3 之间的时变转换概率来看，体现弱费雪效应、代表利率市场化反应的区制状态 1，继续保持在本区制状态的概率最高。2006 年以后，多次出现 50% 以上的由区制状态 1 向区制状态 2 的转换概率，体现市场依旧依赖利率政策工具的调节作用。屡次出现在区制状态 2 前后，不可忽视的从区制状态 1 转向区制状态 3 的可能性，暗示政策不确定性将助推与市场化机制的叠加效应。较高的区制状态 2 与区制状态 1 相互转换概率，体现了政策效应和市场调节作用的融合。较低的区制状态 2 与区制状态 3 相互转换概率，说明保持政策连续性可避免叠加效应、降低市场波动。图 9-8 中费雪效应 b 系数的后验中位数，从均值的角度大体反映出我国费雪效应强弱转换的动态特征，也从侧面凸显出本书扩展区制协整模型的重要性和优越性。

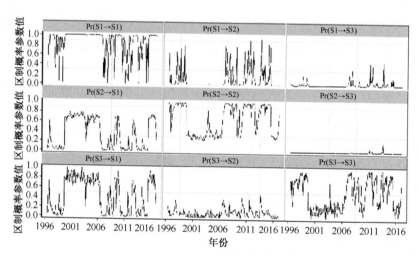

图 9-7　3 种区制状态之间的时变转换概率

基于扩展的区制协整模型，对强弱费雪效应转换机制的有效识别及其经济学逻辑的深入分析。这说明我国在当前形势下，不仅需要进一步提高利率市场化水平，疏通货币政策传导机制，提升名义利率市场化反应通胀预期和货币政策的能力，进一步提高通胀预期的管理水平；还必须在提高政策工具效率的同时，保持货币政策的稳定性和连续性，降低政策不确定性对市场的冲击影响。最后，在市场化方式尚不能完全解决市场问题的情况下，我国应积极主动地运用货币政策调控工具，对当前形势下我国经济具有重要的现实意义。

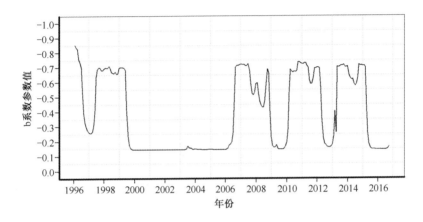

图 9-8　费雪效应 *b* 系数的后验中位数

9.6　本章小结

尽管国内外不乏有关费雪效应的研究工作，但从时变视角捕捉不同时期下费雪效应转换机制的研究尚不多见。特别是对我国而言，随着利率市场化改革日臻成熟，系统地回顾利率市场化改革过程中费雪效应的状态属性，不仅能够使我们深刻反思利率市场化改革中的薄弱环节，更是未来加强名义利率传导机制和促进货币政策调控体系转型的关键问题。本书正是从这一视角出发，构建了无限状态 Markov 区制转移误差修正模型，解决了在模型不确定情况下，协整关系区制状态的识别与参数估计问题。动态识别出我国强弱费雪效应 3 种区制状态的转换机制，从而对本领域内的研究进行了有效补充。

实证分析得出如下结论。

首先，弱费雪效应长期存在。我国名义利率与通货膨胀率之间的长期均衡关系已经确立，名义利率可以通过市场渠道对通胀预期和市场环境的变化做出反应。当处于弱费雪效应状态时，费雪效应的系数偏低，说明单纯市场化渠道对通胀预期做出反应的能力有限。

其次，强费雪效应多次出现。当名义利率与通货膨胀率短期动态背离时，货币政策可以有效地通过市场传导到名义利率，体现为强费雪效应。强费雪效应的出现，说明货币政策工具的市场传导效率已显著提高。

再次，在强弱费雪效应转换的过程中，存在货币政策与市场效应叠加的风险。货币政策预期本身也是影响通胀预期和利率波动的因素之一，特别是在市场预期货币政策转向期间。货币政策和市场的叠加效应，会对名义利率在短期内造成显著的冲击，体现为对通胀预期的过度反应。

最后，强弱费雪效应转换机制的动态变化，显示强费雪效应的持续性有所提高。这说明货币政策持续向市场传递信息的有效性显著增强，货币政策体系对通胀预期的管理水平正在提高。

总体而言，强弱费雪效应的转换机制，表明我国货币政策的市场环境已经得到了发展。利率市场化改革的阶段性成果显著，名义利率可以有效地传导相应的货币政策。同时，利率市场化改革尚未完成，名义利率还不能平滑地传导相应的货币政策，名义利率市场化对通胀预期做出反应的能力也很有限。自 2016 年以来，中国经济运行再度步入弱费雪效应区间。因此，在当前条件下，货币当局需要结合多重手段，在保持货币政策的稳定性和连续性的同时，主动加强政策工具对通胀预期的管理。

参考文献

[1]   阿克洛夫，席勒. 动物精神：人类心理活动如何驱动经济、影响全球资本市场. 黄志强，译. 北京：中信出版社，2014.

[2]   陈守东,刘洋. 通胀率动态与通胀惯性度量[J]. 南方经济，2015(10): 15-32.

[3]   邓伟，唐齐鸣. 单位根相关过程：理论的发展与比较[J]. 经济学动态，2014(2): 132-141.

[4]   封福育. 名义利率与通货膨胀：对我国"费雪效应"的再检验——基于门限回归模型分析[J]. 数量经济技术经济研究，2009，26(01): 89-98.

[5]   龚刚，魏熙晔. 金融危机的成因与机制——基于市场微观结构的视角[J]. 西安交通大学学报（社会科学版），2014，34(6): 36-43.

[6]   何启志，范从来. 中国通货膨胀的动态特征研究[J]. 经济研究，2011，46(7): 91-101.

[7]   贺力平，樊纲，胡嘉妮. 消费者价格指数与生产者价格指数：谁带动谁？[J]. 经济研究，2008，43(11): 16-26.

[8]   胡育蓉，范从来. 货币政策工具的选择：利率双轨制和利率市场化[J]. 经济评论，2015(4): 3-16.

[9]   鞠建东，马弘，魏自儒，等. 中美贸易的反比较优势之谜[J]. 经济学（季刊），2012，11(3): 805-832.

[10]   刘洋，陈开璞. 季节调整中的模型不确定性问题[J]. 数量经济研究，2017，8(1): 86-104.

[11]   刘洋,陈守东. 混合分层结构 Gibbs 算法与时变因果关系检验及应用[J]. 数理统计与管理，2016，35(2): 243-252.

[12]   林树，俞乔. 有限理性、动物精神及市场崩溃：对情绪波动与交易行为

的实验研究[J]. 经济研究，2010，45(8): 115-127.

[13] 米什金. 货币政策方略：来自金融危机的教训[J]. 金融评论，2010，2(6): 6-32.

[14] 秦朵. 计量经济学发展史中的经济周期研究[J]. 金融研究，2012(2): 1-17.

[15] 索洛，泰勒，弗里德曼. 通货膨胀、失业与货币政策[M]. 张晓晶，李永军，译. 北京：中国人民大学出版社，2013.

[16] 斯蒂格利茨，尤素福. 东亚奇迹的反思[M]. 王玉清，等，译. 北京：中国人民大学出版社，2013.

[17] 沈悦，李善桑，马续涛. VAR 宏观计量经济模型的演变与最新发展——基于 2011 年诺贝尔经济学奖得主 Smis 研究成果的拓展脉络[J]. 数量经济技术经济研究，2012，29(10): 150-160.

[18] 王群勇，武娜. 对费雪效应的重新考察：来自面板协整的国际新证据[J]. 南方经济，2009(7): 61-71.

[19] 王少平，陈文静. 我国费雪效应的非参数检验[J]. 统计研究，2008(3): 79-85.

[20] 姚树洁，罗丹. 中国股市泡沫是偶然还是必然[J]. 西安交通大学学报（社会科学版），2008，28(6): 1-5.

[21] 杨子晖，赵永亮，柳建华. CPI 与 PPI 传导机制的非线性研究：正向传导还是反向倒逼？[J]. 经济研究，2013，48(3): 83-95.

[22] 余永定，肖立晟. 论人民币汇率形成机制改革的推进方向[J]. 国际金融研究，2016(11): 3-13.

[23] 张小宇，刘金全. 非线性协整检验与"费雪效应"机制分析[J]. 统计研究，2012，29(5): 94-99.

[24] 张成思. 中国通胀惯性特征与货币政策启示[J]. 经济研究，2008(2): 33-43.

[25] 张成思. 长期均衡、价格倒逼与货币驱动——我国上中下游价格传导机制研究[J]. 经济研究，2010，45(6): 42-52.

[26] 张屹山，张代强. 我国通货膨胀率波动路径的非线性状态转换——基于通货膨胀持久性视角的实证检验[J]. 管理世界，2008(12): 43-50.

[27] 张凌翔，张晓峒. 通货膨胀率周期波动与非线性动态调整[J]. 经济研究，2011，46(5): 17-31.

[28] 张乃丽. 日本经济长期低迷的新解说：基于供给的视角[J]. 山东大学学报（哲学社会科学版），2015(3): 104-114.

[29] 泽尔纳. 计量经济学贝叶斯推断引论[M]. 张尧庭，译. 上海：上海财经大学出版社，2005.

[30] FOX E B, SUDDERTH E B, JORDAN M I, et al. A sticky HDP-HMM with application to speaker diarization[J]. The Annals of Applied Statistics, 2011: 1020-1056.

[31] FUHRER J C. Inflation Persistence[M]// FRIEDMAN B M, WOODFORD M. Handbook of Monetary Economics. San Diego: Elsevier, 2011, 3: 423-486.

[32] FUHRER J C. The persistence of inflation and the cost of disinflation[J]. New England Economic Review, 1995: 3-17.

[33] GEWEKE J, KOOP G, VAN DIJK H, The Oxford Handbook of Bayesian Econometrics. Oxford Handbooks in Economics[M]. The United States: Oxford University Press, 2001.

[34] HAMILTON J D. A new approach to the economic analysis of nonstationary time series and the business cycle[J]. Econometrica, 1989: 357-384

[35] HOFFMAN M D, GELMAN A. The No-U-Turn sampler: adaptively setting path lengths in Hamiltonian Monte Carlo[J]. Journal of Machine Learning Research, 2014, 15(1): 1593-1623.

[36] JENSEN M J, MAHEU J M. Bayesian semiparametric stochastic volatility modeling[J]. Journal of Econometrics, 2010, 157(2): 306-316.

[37] JOCHMANN M. Modeling U.S. Inflation Dynamics: A Bayesian Nonparametric Approach[J]. Econometric Reviews, 2015, 34, 537-558.

[38] JOCHMANN M, KOOP G. Regime-switching cointegration[J]. Studies in Nonlinear Dynamics & Econometrics, 2015, 19(1): 35-48.

[39] KOOP G, LEON-GONZALEZ R, STRACHAN R W. Bayesian inference in a

time varying cointegration model[J]. Journal of Econometrics, 2011, 165(2): 210-220.

[40]　KIM C J, NELSON C R. State-space models with regime switching[M]. Cambridge, Mass: MIT Press, 1999.

[41]　NEAL R. MCMC using Hamiltonian dynamics. [M]// BROOKS S, GELMAN A, JONES G L, et al. Handbook of Markov Chain Monte Carlo. Boca Raton: CRC Press. 2011: 113-162.

[42]　QIN D. Bayesian econometrics: the first twenty years[J]. Econometric Theory, 1996, 12(3): 500-516.

[43]　SELGIN G. Less than zero: the case for a falling price level in a growing economy[M]. Economic Affairs, 1997, 17(2), 467-467.

[44]　ZELLNER A. Bayesian econometrics: past, present, and future. //CHIB S, GRIFFITHS W, KOOP G, et al. Bayesian Econometrics. Bingley: Emerald Group Publishing Limited. 2008:11-60.

反侵权盗版声明

　　电子工业出版社依法对本作品享有专有出版权。任何未经权利人书面许可，复制、销售或通过信息网络传播本作品的行为；歪曲、篡改、剽窃本作品的行为，均违反《中华人民共和国著作权法》，其行为人应承担相应的民事责任和行政责任，构成犯罪的，将被依法追究刑事责任。

　　为了维护市场秩序，保护权利人的合法权益，我社将依法查处和打击侵权盗版的单位和个人。欢迎社会各界人士积极举报侵权盗版行为，本社将奖励举报有功人员，并保证举报人的信息不被泄露。

举报电话：（010）88254396；（010）88258888

传　　真：（010）88254397

E-mail：　dbqq@phei.com.cn

通信地址：北京市万寿路 173 信箱

　　　　　电子工业出版社总编办公室

邮　　编：100036